我在这里等你：

探访最后的野生动物家园

MARK CARWARDINE'S ULTIMATE WILDLIFE EXPERIENCES

〔英〕马克・卡沃丁　Mark Carwardine / 著　王尔笙 / 译

写在前面的话

史蒂芬·弗雷

在冲动地考虑与一位陌生人共同进行一次短途汽车游之前，你的手中最好有一份“有品位的旅行伙伴”名单。除了个人卫生、别人吃甜食时的噪音，或者有人不顾及你的喜好总是震耳欲聋地播放自己喜欢的音乐之类的问题外，还有那种始料未及的大问题：有人喜欢安静，有人喜欢喋喋不休，人们的愿望各有不同，但这是无法避免的，也是无法阻拦的，你能想办法接受并让自己适应其他人吗？我想只有本能、魔法和宿命才能终止此类不可预知的搅局之事。而且到目前为止，我们只是在谈论在英国境内的这种类似穿越小岛式的短途游，这些鸡毛蒜皮的事能忍则忍。而当你规划了一连串的行程，时间长达数月甚至数年，你要走遍地球的各个角落，搭乘各种交通工具，从骡车到双桅帆船，从水上飞机到嘟嘟车，那么哪怕别人最轻微又无伤大雅的抽搐或者怪僻行为，都可能被放大到无法忍受的程度。

如今，我已经和马克·卡沃丁进行了很多很多次环球旅行，但我们还谈不上是出色的旅行伙伴。其实他身上没什么令我讨厌的地方，非要说有，那可能就是即便环境不舒适他也能安然入睡的能力着实令我嫉妒，再有就是他跳下越野车，跳到干燥陆地上时的那股灵巧劲儿，这与我的本能恰恰相反，我准会踩到小山般的大象粪便上或者跳进蚊虫翻飞的臭水坑里。

马克·卡沃丁探访过很多国家，是我见过的游历最广的人。在他踏访过的千山万水中，我也曾有幸与其伴游。在他的性格中，我找不到哪怕一个缺点。偶尔，他也许有一点儿过于热衷于回忆一些场景，比如有一次我们刚起飞便遇上了一场大风暴，波及面积有苏格兰那么大，而他驾驶的轻型飞机就像纸飞镖一样在暴戾的雷云中摇摇晃晃地穿过；要么就是当你在丛林深处的帐篷中醒来，发现比笔记本电脑还大的蜘蛛和幼犬一般大小的毒蜈蚣趴在你的脸上，而他会相当兴高采烈地指导你如何应对，言语中明显地透露出一丝幸灾乐祸。但当一个人一直单打独斗，经历种种波折、危险乃至疾病，却仍未泯灭投身野生动物世界与自然环境保护之初迸发的热情、情感、奉献和好奇之心时，不管他做了什么你都会大度地原谅他。

马克不喜欢轻装旅行。并不是因为他缺乏经验、对当地的情况没把握、过分注意自己的仪表、追逐各种新奇的野营装备或是痴迷于适合各个季节穿着的鞋子。不，不是这样的！30 多年来，他坚持重装旅行，是因为他已成为一位世界知名的野生动物摄影家，不管随着科技发展摄影器材变得多么轻巧，要是没有一套镜头和滤镜，还是无法捕捉到狐猴那令人惊讶的凝视或座头鲸在背光下所创造的鲸跃奇迹——它以一套自然界最为惊心动魄的动作猛地向海面之上跃起巨大身躯——而这些摄影器材可能重到大部分人都提不起来，更遑论背着它们穿越丛林、沙漠和沼泽了。我有一些蓝鲸破浪前进和山地大猩猩抚育幼崽的精彩照片。作为抓拍小照，它们让我想起那些栩栩如生的精彩瞬间。而马克的摄影作品所达到的完全是另外一种境界。这些都源自他所拥有的伟大品格：智慧、坚忍、执着、乐观、勇敢和不屈不挠。

这些品格也促使他加入反盗猎巡逻，死亡的气息充斥每个角落，这绝不是危言耸听。他的朋友们和同事们在帐篷里被成群的武装偷猎者残忍地屠杀，那些暴徒手持机枪开心地朝环保主义者扫射，就好像面对的是一群大象或老虎。但这种恶行从未让马克踌躇止步，他继续坚定地工作下去。

浪漫、美丽、多姿、灿烂和永不枯竭的神奇景致，马克几乎在每年的每个月都会见到，并且通常是在那些你我都无法亲身前往的遥远国度。但也有危险和几乎无法避免的失望在等待着他，由于人类以牺牲生物多样性来拓展自己的疆域，大量栖息地和生活着众多未知生命的地区的生态环境遭到了破坏。

像马克这样的人是不会放弃的。他们不游行示威、不悲天悯人，也不挥舞他们的拳头，尽管他们有时很想这么干。马克以另一种方式在坚持，正如罗伯特·雷德福（Robert Redford）在电影《猛虎过山》（Jeremiah Johnson）中所说，“他的鼻子与荒野之气相通，他的眼睛与地平线相连”，他将他的自然保护及反盗猎工作与每年组织的前往鲸和海豚活跃海域的系列巡游结合起来，在这方面，他所拥有的关于海洋生物和哺乳动物的专业知识改变了那些提前预订者的生活（由于此类冒险活动经常报名者踊跃，所以预订是必需的）。马克倚靠在船头，为大家讲解哪个是抹香鲸，哪个是宽吻海豚，讲解词既让孩子们都听得津津有味，又体现出专家的权威性，你所看到的和你所听到的是只有少数人才能有幸体验到的。

让我们大家感到幸运的是，他不仅是一位摄影家和冒险家，还是一位文笔隽永、令人振奋的作家。他永远都不会放弃。买下这本书，你会稍稍了解我们的世界，备受鼓舞地去欣赏一些地方和那些正令人惊叹的美丽动物，而这些正是这位卓越的王者在拼命记录、归档和保护的东西。

我的天啊，我得说实话了，他的鼾声让我受不了。

史蒂芬·弗雷　于伦敦

2011 年 9 月

.056 078. .002 040. 092. .028 108. .008 .074 104. .016 .032 .066 112. 062. .084 .044 .052 020. .096

*本书中所有地图，均为位置示意图，不代表实际疆域。

1 英寸 =2.54 厘米
1 英尺 =0.3048 米
1 英里 =1.609344 千米
1 英亩 =4046.86 平方米
1 平方英里≈ 2.6 平方千米
1 磅≈ 0.45 千克
1 加仑≈ 3.8 升

目录 CONTENTS

图书在版编目（CIP）数据

我在这里等你：探访最后的野生动物家园 /（英）卡沃丁著；王尔笙译．—北京：北京联合出版公司，2015.2
ISBN 978-7-5502-4323-1

Ⅰ．①我… Ⅱ．①卡… ②王… Ⅲ．①野生动物－栖息地－介绍－世界 ②旅游指南－世界 Ⅳ．① Q95 ② K919

中国版本图书馆 CIP 数据核字（2014）第 298192 号

北京市版权局著作权合同登记 图字：10-2014-8326

探索家

关注未读好书

我在这里等你：探访最后的野生动物家园

作　　者：〔英〕马克·卡沃丁
译　　者：王尔笙
出 品 人：唐学雷
策　　划：联合天际
特约编辑：赵　然
责任编辑：李　伟　刘　凯
美术编辑：冉冉设计
封面设计：王颖会　郁万鹏

北京联合出版公司出版
（北京市西城区德外大街83号楼9层　100088）
小森印刷（北京）有限公司印刷　新华书店经销
字数190千字　787毫米×1092毫米　1/12　11印张
2015年5月第1版　2015年5月第1次印刷
ISBN 978-7-5502-4323-1
定价：88.00元

联合天际Club
官方直销平台

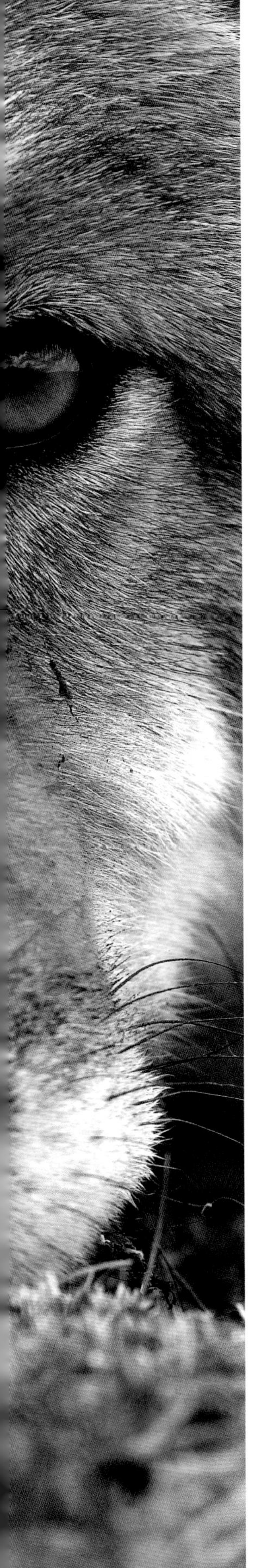

我的自序

马克·卡沃丁

看着你，看着我：一匹来自蒙古的狼（它入选了我最初的 TOP161 名单，但没入选这本书）

这是一本关于我最喜欢的野生动物观赏地的书。书中介绍了我个人挑选出来的野生动物热点地区，在过去的这些年里，它们对我的影响最大，它们是这个世界上野生动物最丰富的角落，也是我探访次数最多但离开后又最留恋的地方。

尽管在过去的 30 年里，为了寻找野生动物和荒野之地，我一直在全世界旅行，但我还没能探访世界的每个角落。在这个星球上，仍有广袤的地区等待我去考察，仍有数不清的珍禽异兽是我见所未见的。比如，我真的应该前往新泽西州的五月岬（Cape May），去见证这个星球上最著名的鸟类迁徙。我曾花费数周时间在俄罗斯的远东地区寻找西伯利亚虎，但我还是运气不够，未能亲眼见到哪怕一只这种濒危的野生“大猫”。我还想去菲律宾，与长尾鲨一起潜水，这是我一直以来的梦想。

然而，当我开始动笔写这本书时，最初的“最爱之地”清单已包括多达 161 个热点地区。我真希望能滔滔不绝地把它们都介绍给大家，但名单毕竟过长了。总的来说，还是要选出真正的好地方，那些在我心里好上加好的地方。

为了完成这个任务，我必须做出更多的选择。但如果你静静地坐在一朵艳丽的红花旁，被一只身披七彩霓裳的蜂鸟弄得目瞪口呆，而另一幅图景是在水下与一条大白鲨面对面相遇引得你肾上腺素激增，你说该怎么取舍？再比如，在一头极度濒危的苏门答腊犀牛留给你的惊鸿一瞥，和数百万只帝王蝶聚集在冬季栖息地的壮丽奇观之间，你会选哪一个？所有与这些野生动物的相遇，都是以各种不同的方式带给我吸引人的、令人兴奋的、使人开心的和深感自身渺小的经历。

但我总得以某种方式削减这份清单，也得为我的选择找到有逻辑的依据。我试着按照各种不同种类的动物、广泛的地理分布和多种多样的活动区域进行选择；从透过加利福尼亚海边餐馆的玻璃窗旁观察海獭，到在印度的偏远角落寻找印度犀牛。我一方面把在斯瓦尔巴特群岛观察北极熊拉进精选清单，另一方面却要抵制在巴芬岛观察北极熊的精彩经历的诱惑；为了保留富有魔力的婆罗洲西巴丹岛，我却小气地冷落了大堡礁；而且我还把在那些圣基尔达岛（St. Kilda）的悬崖绝壁之上盘旋翻飞的成千上万只海鸟拒之书外，其实它们与在冰岛的绝壁上盘旋翻飞的海鸟相比，其观赏价值只在伯仲之间。

我拒绝了那些几乎无法抵挡的诱惑，才没有把几处我最喜爱的观鲸目的地收入书中，因为它们将成为另一本书的主题。这样一来，在那本

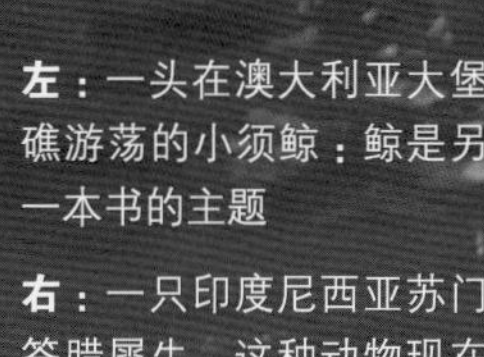

左：一头在澳大利亚大堡礁游荡的小须鲸；鲸是另一本书的主题

右：一只印度尼西亚苏门答腊犀牛；这种动物现在几乎销声匿迹了

下：一只巴西亚马孙河豚：面对蜂拥而至的旅游者，它太柔弱了

“我一直尝试着挑选出那些任何人都可以前去旅行的地方，在那些地方人们不必睡得太过难受或者几周时间都要站在齐腰深、蚊蝇滋生的沼泽地里。”

书里我就可以绘声绘色地为大家讲述如何与生活在阿拉斯加东南部编织“泡泡网”的座头鲸进行近距离接触，如何从南非一家旅馆的床上观察南露脊鲸，如何再次与巴哈马群岛的大西洋细吻海豚一起表演水下芭蕾。同样的，我也将能不必克制自己把最喜爱的非洲之旅奉献给大家——从乌干达的伊丽莎白女王国家公园（Queen Elizabeth National Park）到博茨瓦纳的奥卡万戈三角洲（Okavango Delta）——因为它们的归宿在第三本书里。

自始至终，我一直尝试着挑选出那些任何人都可以前去旅行的地方，在那些地方人们不必睡得太过难受或者几周时间都要站在齐腰深、蚊蝇滋生的沼泽里。挑选的原则还包括目的地签证成功率要相当高。基于这种原因，我便没有把在蒙古国追踪雪豹（尽管蒙古国是我最喜欢的国家之一），或者到中国西南部的竹林里寻找大熊猫（我曾在著名的卧龙自然保护区见到了一只野生大熊猫，但再见到的概率实在太低了）选入本书。

当然，野生动物观察工作从来就没有保证一说，而预测——说实话就是不知道——本身就是乐趣的一部分。而如今处在全球变暖的时代，野生动物生活环境中令人沮丧的无常季节变化与莫测的气候条件，让预测比以往更难。所以前往我在本书中所挑选的地点旅行，野生动物出现的概率还是非常能满足你的愿望的。

最后，还有另外的原因让我将一些非常特别的地方割爱。例如，如果是10年前，我应该会把去肯尼亚马赛马拉（Masai Mara）观看角马渡河的壮观场景，或到印度伦滕波尔国家公园（Ranthambhore National Park）观虎收入书中。但现在，我只能非常遗憾地说，这些地方的神奇之处已经随着游客的蜂拥而至和严重缺乏有效的管控而消散殆尽。可悲的是，旅游业的无序发展毫无疑问会伤害野生动物并破坏它们赖以生存的荒野环境。

但这并不意味着所有生态旅游都是不好的。如果我一概反对，也就不会写这本书了。恰恰相反，我相信负责任的生态旅游可能是无法估量的自然保护工具。原因显而易见，通过为资金短缺的政府赚取其迫切需要的外汇收入，为当地人提供就业机会（包括很多岗位，从马拉维的反盗猎巡逻队到在印度尼西亚制作科莫多龙木雕并出售给旅游者等），以及通过恰当的管理为国家公园和保护区的维护募集资金等方式，可以让野生动物生活得更有朝气而不是悲惨地死去。

一个经典的案例是“山地大猩猩保护”。如果乌干达、卢旺达和刚果（金）没有大量的旅游收入，山地大猩猩几乎不可能生存到现在。旅游观光让对大猩猩的保护得以保持长期的可持续性。

而这并不是说野生动物要自己养活自己。负责任的生态旅游还有助于重新激发人们对野生动物的关注以及很多人都已遗失的那种惊奇感。更棒的是，越来越多的人通过这本书了解到这些特别的地方，并激起了他们对野生动物的关爱之心。

现在你所看到的就是我最终的选择。有一件事我可以保证，那就是每一个地方都不会让你失望。我还从未听到任何一位从南乔治亚岛探险旅行回来的人说“还凑合”，或是有人到潘塔纳尔旅行一周后回来说“我们没看到很特别的地方”。我希望，如果你已经去过那里，书里的内容会唤起你很多美好的回忆，如果你还没去，那它们会让你跃跃欲试。

而这些地方也会是你的梦想之地。你不会有在寻找巨鲸时风从发梢穿过的怦怦心跳，不会有追踪雄狮时粘满长靴的非洲尘土，不会有与企鹅比肩而立但手指已被冻得浑然不觉的体验，但有时你只需知道书中提到的节尾狐猴、白灵熊、海牛、大白鲨和其他所有令人惊叹又富有魅力的非同寻常的动物，就生活在那些遥远的地方……我们的目的也几乎就达到了。

马克·卡沃丁　于布里斯托尔

2011年

让我们
一起去体验吧

走进白灵熊的世界

加拿大：大熊雨林

想象一下，一头黑熊身披白色的皮毛，像精灵一样悄悄现身于一座你今生见所未见的最茂盛、最丰富多彩和最迷人的雨林之中。

白灵熊：全身呈白色，精灵一般的熊，或称柯莫德熊，生活在不列颠哥伦比亚省大熊雨林地区的大公主岛上

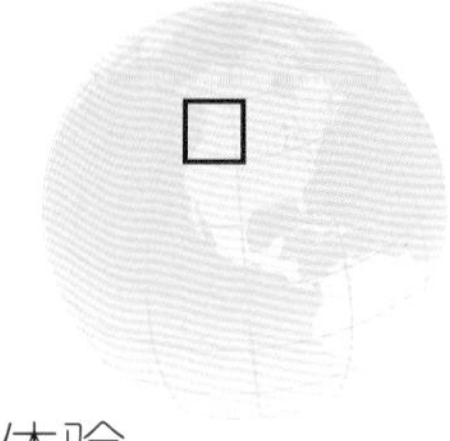

体验

The experience

体验什么？在一片占地面积为塞伦盖蒂草原两倍大，非常遥远且激动人心的荒原上寻找白灵熊或其他北美野生动物

到哪儿去体验？不列颠哥伦比亚省大公主岛（Princess Royal Island）

如何体验？乘坐小型游艇出游或住在山林小屋

大熊雨林（Great Bear Rainforest）从温哥华岛（Vancouver Island）北端向北一直延伸到阿拉斯加的东南部，是一片令人惊叹的荒原，这里有参天的古木、覆满蕨类植物的峡谷，有无名的岛屿、嶙峋的海岬、星罗棋布的港湾，以及冰冷的瀑布、河川与溪流。它比比利时国土面积足足大了两倍——25000平方英里，在加拿大西海岸绵延250多英里。这里是世界上仅存的最大的成片温带雨林。

有时它被称为加拿大的“亚马孙”，是令人敬畏的探险沃土。也许有一天你会徒步穿过浓密的森林，走在地球上一些最古老、最大树种遮荫蔽日的树冠之下：西加云杉、落基山桧和西部铁杉——有些树的树龄将近1000年，有300多英尺高。转过天来，你可以沿着海拔逐渐降低、水势

最棒的一天

我记得在科里布岛（Gribbell Island）的木质观察台上一待就是好几个小时，那里可以俯瞰里奥丹河（Ryordan River）。我一直静静地坐在上面，聆听雨水轻柔地拍打着简陋的防水油布屋顶，而与此同时，大团的蠓如乌云般嗡嗡着往人身上撞——这种小飞虫咬得人生疼。偶尔会看到一只美洲貂从下面的小路上跑过，或者一只锡特卡黑尾鹿朝森林外张望。间或，一头黑熊慢悠悠地走到河边捕鱼。就在那一刻，一个幽灵幻影终于出现在河岸上，它毫不掩饰地看着我。这是我第一次见到白灵熊，真的感觉像见到幽灵一般。

渐趋舒缓的河段漫行，追寻狼和熊的踪迹（狼只吃鲑鱼的头部，其余部分丢弃，而熊则恰恰相反。这也算大自然的奇妙之处吧）。你可以趴在地上近距离观察香蕉蛞蝓，或者守在海边的小水塘旁欣赏五彩缤纷的海星。你也可以乘一条小船或皮划艇做一番海上巡航，看看北海狮喧闹的夏季群聚地，欣赏座头鲸用“泡泡网”捕鱼的壮观场景，或者尾随在一群在近海觅食的逆戟鲸身后。到了晚上，你可以坐在游艇甲板上，或是山林小屋的游廊上，细细回味白天的所见所闻，周遭万籁俱寂，唯有狼的嚎叫和潜鸟的呜咽声时不时回响在耳畔。这里就是世外仙境。

大熊雨林的野生动物资源极为丰富，其生物生产力完全可以媲美许多热带雨林。它是北美熊类种群密度最高的地区之一（包括将近一半的加拿大灰熊和这块大陆上某些最大的熊类），还拥有庞大的苍狼种群。从水獭和美洲貂到美洲狮和北美野山羊，该地区一共有 68 种哺乳动物。这里还是不少于 230 种鸟类的家园，其中比较知名的有秃鹰、北美黑啄木鸟、北美旋木雀、簇羽海鹦、斑海雀和卡辛氏海雀，而且到了夏季，会有种群总数高达 500 万只的 15 种海鸟在沿海水域繁衍生息。而每年的春秋季节，这里还是成千上万的候鸟在太平洋迁徙路线上的休息站和能量补给站。

太平洋鲑鱼是该地区的生命线。这里生活着 5 种鲑鱼（奇努克鲑、银鲑、粉鲑、狗鲑和红鲑），它们是这片雨林健康和生产力的重要根基。不计其数的鲑鱼卵在溪流河汊的砾石河床上孵化后，小鲑鱼游向大海，2 ~ 7 年后又成百上千地洄游到它们的出生地产卵并死在那里，从而完成生命的轮回。鲑鱼大逃亡是真正的野生动物奇观，而这些每年送到嘴边的新鲜食物也让那些大熊吃得膘肥体壮，为冬眠做好充分的准备。

白灵熊

大熊雨林皇冠上的宝石是一种非常特殊的动物——白灵熊，你在这个星球上的其他地方都见不到它。这种精灵之熊神出鬼没，非常罕见——一年之中只有寥寥数周的时间在森林中的某个小角落里能一睹其芳容。白灵熊又称“灵熊”或“柯莫德熊”［以皇家不列颠哥伦比亚博物馆前馆长弗朗西斯·柯莫德（Francis Kermode）的名字命名］，它是这个星球上最神秘并令人敬畏的动物之一。

它的皮毛主要呈白色或奶白色（曾经有人将其描述为更像需要用蒸汽清洗的香草色地毯），但它既不是北极熊也不是熊的

园中漫步：
一头憨态可掬的白灵熊攀上科里布岛的礁石。这种动物极少在野外公开露面

左：一头白灵熊在里奥丹河成功地抓到一条鲑鱼；一头黑熊在大公主岛的溪流里溅起水花；在鲁珀特王子城(Prince Rupert)，一只秃鹰在迎接暴风雨的到来；空中鸟瞰茂密的大熊雨林

物种名录

- 白灵熊
- 黑熊
- 灰熊
- 灰狼
- 狼獾
- 美洲貂
- 水貂
- 锡特卡黑尾鹿
- 北美水獭
- 北海狮
- 斑海豹
- 长须鲸
- 座头鲸
- 逆戟鲸
- 太平洋短吻海豚
- 多尔鼠海豚
- 秃鹰
- 白嘴潜鸟
- 海鸽
- 角嘴海雀

……

“传说好运会降临到任何有幸见到白灵熊的人身上——人们当然会有这种感觉了。”

白化体，在其眼部、鼻子和皮肤上有正常的色素沉积。事实上，它是一种可以行走的矛盾体——一种白色的黑熊——这是美洲黑熊的一种极其罕见的颜色变种。白色来自一种隐性基因，因此白灵熊生来就是白色的，它肯定是遗传了来自父母双方的基因。这意味着，在奇异的自然界中，一头白灵熊的父母的皮毛可能都是黑色的。

然而在土著人的传说中有更为有趣的解释。故事是这样的：来自天国的造物主雷文，在上一次冰河时代为这个世界播撒绿色。在一次前往大公主岛的行程中，雷文让每十头熊中就有一头白熊，以此提醒人们这里是冰雪的世界，并将加拿大“被人遗忘的海岸”的这个小角落作为白灵熊永远的家。白灵熊在吉特盖特族人的神话中享有崇高的地位——吉特盖特族原住民生活在哈特利湾（Hartley Bay）的村落中，这里是白灵熊活动的中心地带。传说好运会降临到任何有幸见到白灵熊的人身上——人们当然会有这种感觉了。

下图：雨林中的观察台会让观察容易些

在大熊雨林中到底潜伏着多少头白灵熊尚无准确的说法。一些人说仅有 100 头，其他人则说多达 1000 头。但这个数字可能在 400 头左右，也许更少些。

它们的活动范围在大公主岛和临近的科里布岛上。据信估计在大公主岛上总共有 400 头黑熊——这其中有 40 头白熊。在科里布岛上，每三头熊中便有一头白熊。科学家一直对为什么它们未能更为普遍地分布而感到疑惑，但最近的研究也许会给出答案。似乎与它们的黑熊同类相比，较少见到捕鱼的白熊，使得它们在捕食鲑鱼的效率上要高出 30%。不过拥有这身伪装装束也是要付出一定代价的——白色的皮毛使它们更易受到灰熊和狼的攻击，后者经常杀死黑熊。

那么你怎样才能见到白灵熊呢？首先，你要去大公主岛－科布里岛地区。其次你要在 9 月的时候去。白灵熊在整个冬季都会冬眠，而且在它们清醒的时间段，它们大多数时候也是躲藏在阴暗的密林深处。甚至当它们的表亲黑熊在 5 月至 6 月间在野外觅食莎草的时候，这种本地区最著名、最神秘的居民却也依然难得一见。在一年的其他月份，白灵熊偶尔会现身，但通常见到它们的人都是只有终生住在森林里或者在这里工作的人。事实上，见到白灵熊的机会非常渺茫，除非你在每年秋天的几周时间里都前往该地区，这时它们会离开森林，冒险来到野外到河川边饱餐产卵期的鲑鱼。你也许会成为幸运儿。

关注未来

由于全世界已经有过半的温带雨林遭到毁灭，因此，神奇的大熊雨林能够

日光浴：
在大熊雨林的核心地区，
一群北海狮正在充分享受阳光

相对完整地保存到21世纪堪称奇迹。但在近些年，不列颠哥伦比亚省贪婪的伐木工业的黑手已经伸至该地区，在曾经原始古朴的荒野上已经开始出现大片的裸露地表。

加拿大的伐木产业已经创造了令人瞠目的采伐纪录，在不到一代人的时间里将10000年的整片原始森林夷为平地，这也将把他们自己逼上绝路。事实上，大熊雨林作为“中北部海岸原木供应区”，在政府眼中和伐木产业圈子里都很有名。该地区还受到北方门户输油管道工程的威胁，如果该工程获批，原油油轮将会定期穿行在这片森林的水道中。

环保组织和原住民社区（几千年来是他们一直在管理这片“被人遗忘的海岸”）正在与上述威胁作针锋相对的斗争。也许，每棵树都能得到保护的愿望是不切实际的，但我坚信，大熊雨林这片如此特别的地方真的本该是神圣不可侵犯的。

你要知道的

何时去最好？

去大熊雨林观察野生动物的最佳时间——其实也是唯一可能见到白灵熊的时间——是9月。在每年秋天的几个星期内，数百条溪流河汊中到处都是正在产卵和濒临死亡的鲑鱼，正是这股食物潮吸引了熊、狼、水獭、秃鹰和大量其他野生动物从森林里走出来。从5月一直到7月初，逆戟鲸在大公主岛周围的水湾和水道里以鲑鱼为食；整个夏天，尤其是在9月，座头鲸都在该地区觅食。

如何前往？

大公主岛是白灵熊分布的中心区域，但白灵熊也见诸科里布岛、普利岛（Pooley Island）、罗德里克岛（Roderick Island）及临近岛屿，甚至还有少量白灵熊生活在附近的大陆上。在（科里布岛）里奥丹河上有观察台。

大熊雨林是纯粹的蛮荒之地，这里没有铁路也没有真正的道路。若想到达此处只能靠飞机——通常是水上飞机——或乘船。因此这将是一次昂贵的旅行，除非你自己有船，否则很难进行独立探险。

这儿有三种住宿选择。首先是一家奇妙的生态敏感型的荒野旅馆，称为“太平洋国王旅馆”（King Pacific Lodge），建在大公主岛西北部海岸的巴纳德海湾（Barnard Harbor）中。这座漂浮的旅馆类似那种特大号的滑雪小屋，内部装饰还是相当豪华的。但实际上这是一个与世隔绝的处所——正因如此，你在“家门口”才可以看到从水獭、秃鹰、白灵熊到座头鲸等所有珍稀动物。你可以从温哥华向北飞，到达位于贝拉贝拉（Bella Bella）的小定居点，然后登上小型水上飞机到达旅馆门口。第二家是位于斯温德尔岛西北部的白灵熊旅馆（Spirit Bear Lodge），同样要在贝拉贝拉转机，到达这里必须在希尔沃特（Shearwater）过夜。

或者，当你抵达贝拉贝拉时，可以登上一条船宿游艇，乘小艇来个一日游——乘苏地亚充气橡皮艇以及步行。

帅呆了！座头鲸上演了一出蔚为壮观的杂技表演，而灰鲸（嵌入图中）则在满心欢喜地接受人类为它抓痒

与友好的巨人会面

墨西哥：下加利福尼亚半岛

为灰鲸抓痒，听座头鲸唱歌并惊叹于这颗星球上最大的动物：下加利福尼亚半岛简直就是鲸目动物的乐园。

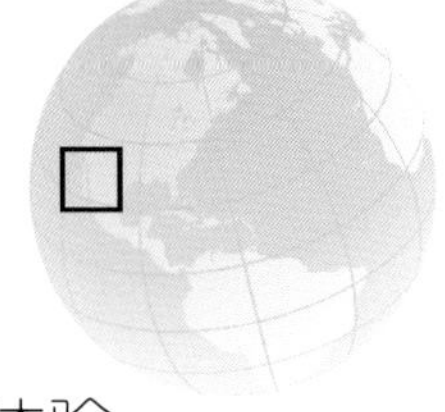

体验
The experience

体验什么？ 全球最佳观鲸地：形形色色的灰鲸和蓝鲸

到哪儿去体验？ 将墨西哥的大陆部分与太平洋隔开的狭长半岛

如何体验？ 飞到加利福尼亚州圣迭戈市，加入一个为期两周的船宿旅游团，或者前往墨西哥的圣伊格纳西奥，参加一个多日游旅游团

翻开一份北美洲地图，把目光移到地图的左下角，你会看到一条狭长的陆地，看起来就像一个巨型的红辣椒。这里就是下加利福尼亚（Baja California）——我最喜爱的观鲸地。

多年来，我已经去过绝大部分全球顶级观鲸地——这其中有一些地方很精彩——但下加利福尼亚是我一次又一次反复前往的观鲸地。从 20 世纪 80 年代末至今，我至少每年去拜访一次这个墨西哥的荒凉角落，有时还会去两三次，而每一次它都会带给我绝对震撼的体验。

在一段为期两周的观鲸旅行中，如果你有点儿小运气，你可能会难以置信地在友好的灰鲸颌下为它抓痒，听座头鲸唱起它们那萦绕于心、神秘莫测的歌，享受与巨型蓝鲸令人无法忘怀的近距离接触，与

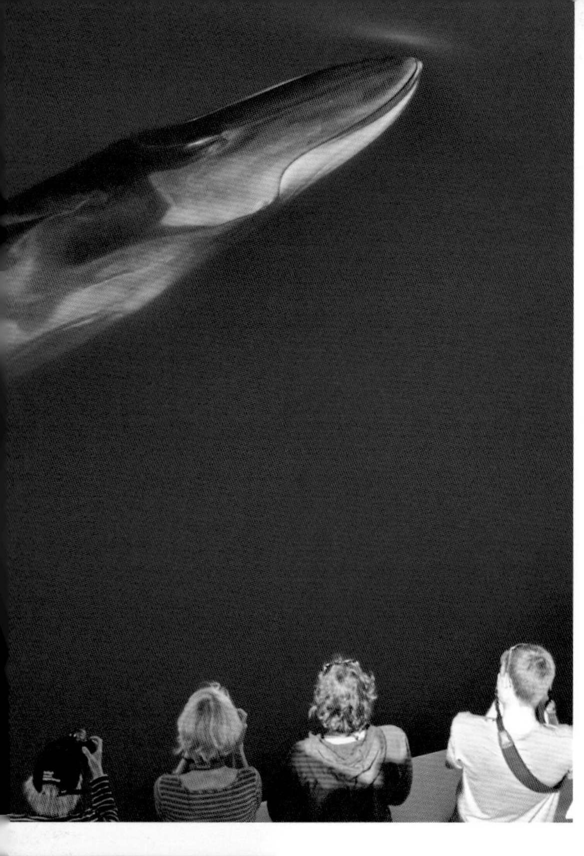

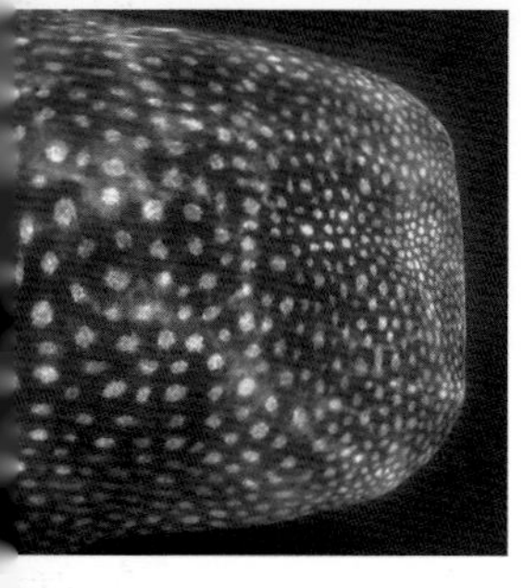

左上：长须鲸是这个星球上体型第二大的生物

右上：科特斯海是鲸会聚的地方，这里是包括短肢领航鲸在内的许多鲸类的家

下：鲸鲨的危险程度与一只长满斑点的大蝌蚪差不多

数千头喧闹的真海豚一起畅游，还能见到许多其他动物，从鳁鲸和抹香鲸到多尔鼠海豚甚至是秘鲁中喙鲸。一路上，你可以与顽皮的加州海狮、珍稀的北美毛皮海豹一起浮潜，有时鲸鲨也会加入；到偏僻的热带海岛上体验浪漫的海滨生活；探索引人入胜的仙人掌森林；并为海上神秘的生物发光现象惊叹不已。

下加利福尼亚半岛是世界上最长的半岛之一，从美国加利福尼亚州的边界一直向南绵延 800 英里，它的特别之处在于这里既是巨鲸的繁殖场也是它们的捕食区；这意味着，你在这里花费一两周的时间所看到的鲸的种类，比地球上其他任何地方都多。

这里的风景也极其壮丽，绵延 1800 多英里的海岸线野性十足，半岛上分布着七座雄浑的山脉和广阔无垠的荒漠地带。但最具特色的是，下加利福尼亚半岛上无与伦比的平和与宁静。这片海域内的观鲸船非常少，因此在大部分时间内，这里只有鲸和海豚与你做伴。正如约翰·斯坦贝克（John Steinbeck）在其经典作品《科特斯海航行日志》（The Log from the Sea of Cortez）中所说："不管怎样，它让你意识到周围没有人。因此，尽管波涛声和鱼溅起的水花声不断传到你的耳朵里，但你的感觉还是……宁静。"

圣伊格纳西奥潟湖

这座"墨西哥的科隆群岛"位于太平洋的一侧，实际上是全球灰鲸种群的冬日之家，这里也因此而闻名于世。此地安全地避开了外海上汹涌的激浪。荒漠边上是一串神奇的潟湖，有成片红树林护岸，成千上万头灰鲸聚集在潟湖里社交、交配并产仔。

灰鲸曾一度处于灭绝边缘，但多亏密集且卓有成效的保护行动，灰鲸的种群数量已经触底反弹。目前有多达 21000 头秉承天性的"旅行者"，沿着整个北美西海岸线，在它们位于北冰洋的捕食区和位于下加利福尼亚半岛的繁殖场之间往返迁徙，总行程长达 12500 英里，这是所有哺乳动物迁徙距离最长的行程之一。

灰鲸主要聚集在下加利福尼亚半岛上的四个主要繁殖潟湖内：格雷罗内洛罗（Guerrero Negro）；奥霍德列夫雷（Ojo de Liebre），也称斯开蒙潟湖（Scammon's Lagoon）；马格达莱纳湾（Magdalena Bay）和圣伊格纳西奥（San Ignacio）。我最喜欢的是圣伊格纳西奥，那里是举世闻名的"友善之地"。

即使在圣伊格纳西奥仅逗留数日，同样会带给你焕然一新且令人兴奋的欢乐生活。灰鲸大摇大摆地在小观鲸船（潘戈）

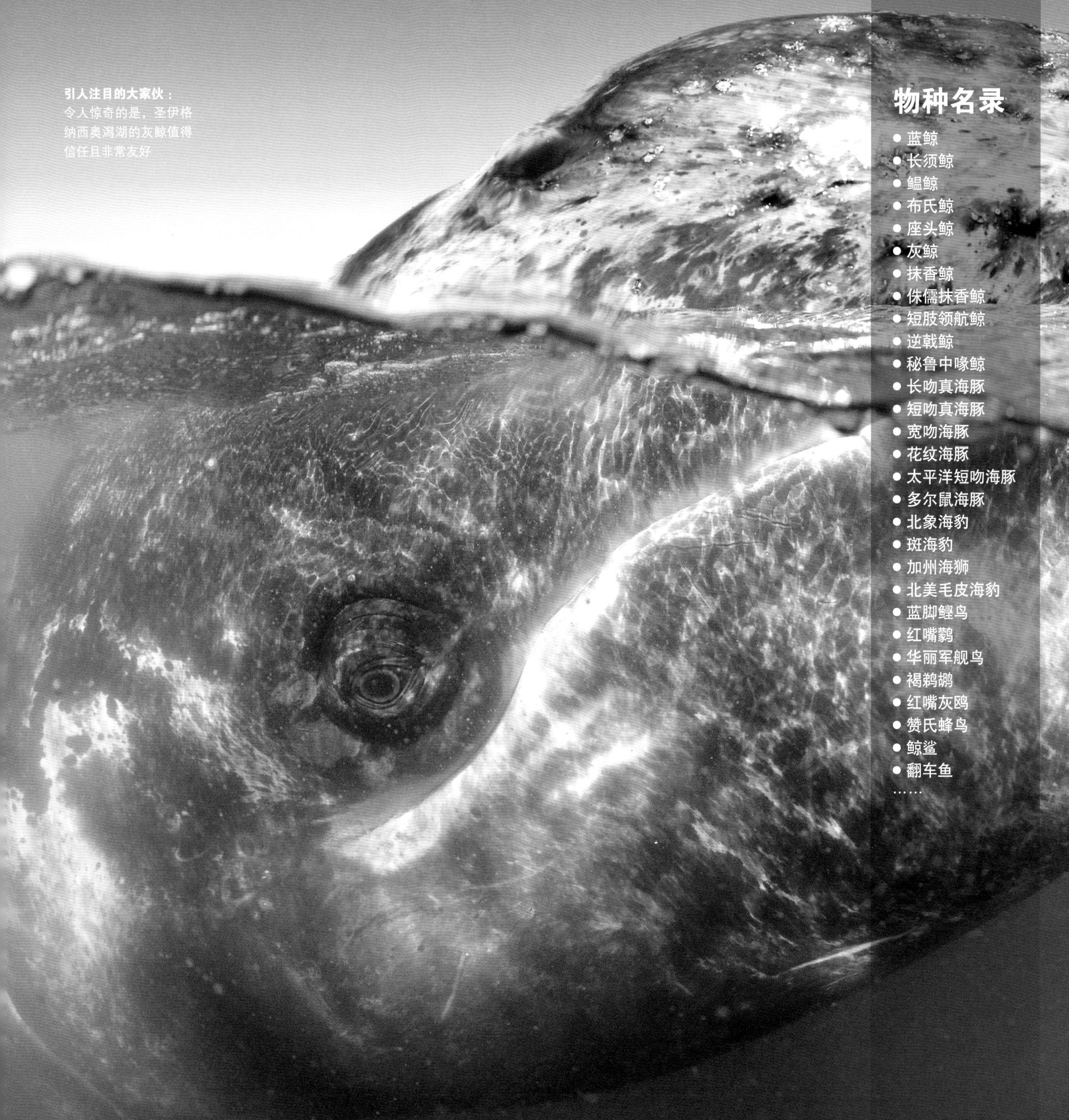

引人注目的大家伙：
令人惊奇的是，圣伊格纳西奥潟湖的灰鲸值得信任且非常友好

物种名录

- 蓝鲸
- 长须鲸
- 鳁鲸
- 布氏鲸
- 座头鲸
- 灰鲸
- 抹香鲸
- 侏儒抹香鲸
- 短肢领航鲸
- 逆戟鲸
- 秘鲁中喙鲸
- 长吻真海豚
- 短吻真海豚
- 宽吻海豚
- 花纹海豚
- 太平洋短吻海豚
- 多尔鼠海豚
- 北象海豹
- 斑海豹
- 加州海狮
- 北美毛皮海豹
- 蓝脚鲣鸟
- 红嘴鹲
- 华丽军舰鸟
- 褐鹈鹕
- 红嘴灰鸥
- 赞氏蜂鸟
- 鲸鲨
- 翻车鱼

……

“座头鲸令人困惑的呜咽声和吱吱的尖叫声混在一起并弥散在空气中，让你浑身的汗毛都竖起来。”

水下回旋：洛斯伊斯洛德斯是世界上与加州海狮一起浮潜的最佳地点

右上：圣贝尼托群岛的两只北美毛皮海豹发生了争吵

右下：科特斯海的宽吻海豚经常围着小船玩耍

上：在圣伊格纳西奥潟湖，小潘戈（渔船）是近距离接触鲸的最佳交通工具

下：蝠鲼可以跃出海面 3 英尺

的船侧游荡并沿着船帮停下，等着人们摩挲它们的皮肤，为它们抓痒。这是一次从开始就令人感到窒息，非常心惊胆战的体验，但毫无疑问，这是这颗星球上最伟大的野生动物接触活动之一。

难以置信的是，这些灰鲸曾背负凶残恶名。19 世纪末到 20 世纪初它们遭到疯狂捕猎，几近绝迹。美国捕鲸手乘着木制小船（大小跟潘戈相近）进入潟湖，用鱼叉捕猎它们。但灰鲸进行了有力回击——它们追逐捕鲸船，把船像橡皮鸭般顶出水面，用头撞击，用尾巴拍烂。它们“像恶魔一样战斗”，灰鲸被称为“恶魔鱼”。

现在，幸存的灰鲸热情地迎接游客进入它们繁殖的潟湖。它们似乎知道我们没有恶意，不仅没把我们的小船拍碎，反而亮出脚蹼迎接我们。它们像小猫小狗般顽皮，也值得信任——尽管这些“小家伙”有 50 英尺长。它们似乎忘了人类过往的贪婪、不计后果和残忍。它们信任我们，我们却配不上这份信任。真是令人倍感羞愧的体验。

圣伊格纳西奥之旅常由飞跃、欢笑、喷射、划行、嬉戏和轻拍交织组成。所有与鲸的接触都在 8 人或 10 人座的潘戈上进行，当地渔民驾驶得异常平稳，非常适合近距离接触和拍照。如果你怀疑鼓励人们触摸野生动物是否正确，设想一下：假如你不去抚摸并为鲸搔痒，它们会直接游走，去找愿意与它们接触的人。

这里的宽吻海豚也是如此。不过我对它们深怀歉意：在其他地方，它们是游客的焦点，而在这里，它们要与全世界最友好的鲸展开“亲民”竞争。

太平洋沿岸

搭乘游船是探索下加利福尼亚最轻松的方式，最佳行程是从加利福尼亚南部的圣迭戈出发，一路巡游太平洋沿岸，之后转入科特斯海。圣伊格纳西奥是最迷人的目的地，半岛近太平洋一侧看似荒凉孤寂、崎岖不平，但也颇具亮点。

这里是精彩的观鲸地，你会见到各种鲸，布氏鲸、鳁鲸、长须鲸、座头鲸和蓝鲸都很常见——马格达莱纳湾外侧海域是蓝鲸特别重要的捕食区——但这里还生活着短吻真海豚、长吻真海豚、宽吻海豚、太平洋短吻海豚、花纹海豚以及多尔鼠海豚。几乎能在这里找到所有鲸和海豚。

沿途有一组被称作圣贝尼托群岛（San Benitos）的小岛值得驻足——组成群岛的三座岛屿分别是西岛、中岛和东岛——这片海域非常适合海豹和海狮活动。西岛最大，可能也是最多产的岛：你可以贴近观察北象海豹，这里到处是它们的聚集地。

这里还是少数可以观察北美毛皮海豹的地区之一。一旦某个物种变得如此珍稀，实际上就离宣布它灭绝仅有咫尺之遥，所

最棒的一天

直到现在，我还对最近一次前往科特斯海的旅程最后一天的经历记忆犹新。初升的太阳将我们唤醒，一二十只宽吻海豚尾随在船后嬉戏。之后我们又遇到了一大群短吻真海豚，后面还跟着两个不同种群的逆戟鲸，一群无法确认的突吻鲸，几头侏儒抹香鲸和四五头蓝鲸（包括一头母鲸和一头幼鲸）。这一天的高潮是一头35英尺长的鲸鲨贴着我们的船游弋了一个多小时。

幸北美毛皮海豹被慢慢从灭绝边缘拯救了回来，并逐渐扩大了分布区。直到最近，它们只在瓜达卢佩岛（Guadeloupe）上繁殖（见本书“邂逅大白鲨”一章）——一座深入太平洋150英里的小岛，1997年它们首次现身圣贝尼托群岛，并很快站稳脚跟。现在有数千头海豹生活在这里，在海滩岩石上很容易看到它们。

戈多班克斯

离半岛最南端不远，是另一处富有魅力的观鲸地：座头鲸繁殖地。这里的两处海底山——内戈多班克斯和外戈多班克斯（Inner & Outer Gorda Banks）——是鲸喜欢的群聚地。最佳观鲸区域在洛斯弗赖莱斯（Los Frailes）沙滩附近。

如果要选完美观鲸对象，那非座头鲸莫属。它们不难找到，容易辨认，这种鲸的好奇心非常重，还能做出某些地球上最壮观的杂技。

巡游至此，旅程中最激动人心的活动，莫过于聆听雄性座头鲸充满哀怨的歌声。把水下麦克风或听音器放进海里，座头鲸那令人困惑的呜咽声和吱吱的尖叫声混在一起弥散在空气中，让你满身鸡皮疙瘩。仿佛是爵士、比波普、布鲁斯、重金属、古典音乐和瑞格舞的混合，这场令人难忘的音乐会，是动物王国里最长、最复杂的歌唱表演，激发起人们坐过山车般忽高忽低的心绪。

科特斯海

绕过半岛，一路向北，会进入一个不同凡响的世界。这里就是科特斯海（Sea of Coartz），或称加利福尼亚湾（Gulf of California），它位于加利福尼半岛和墨西哥“大陆”之间，是一处人间秘境，风头

“与鲸鲨同游决不像一边吃早餐一边看电视那般安心——但人们依然蜂拥而至。”

完全被著名的“邻居”圣伊格纳西奥盖过。但如果看过了灰鲸的潟湖却不去科特斯海探索，就像买了一本书却只准备翻翻第一章。

科斯特海上小岛星罗棋布，庇护着数量巨大的华丽军舰鸟、红嘴鹲、蓝脚鲣鸟和许多鸟类，这里是许多动植物的原产地，有形状怪异的象树（Elephant tree）、世界上最高的仙人掌、此地特有的赞氏蜂鸟、像薄烤饼般跃出海面的蝠鲼、翻车鲀，还有不同种类的海龟。这片海中有一座小岛，叫洛斯伊斯洛德斯（Los Islotes），可能是世界上最适合与友好、顽皮又好奇心旺盛的加州海狮一起潜水的地方。

观鲸依然是旅行的核心：布氏鲸（这里全球最佳观察地之一）、长须鲸、抹香鲸、短肢领航鲸、侏儒抹香鲸及其他各种鲸。

当然，这里还生活着世界上最大的动物。科特斯海是全球少数几处确保能目睹蓝鲸出没的海域之一。曾经有成千上万头蓝鲸被杀死，尽管从 20 世纪 60 年代中期开始它们就受到官方保护，但蓝鲸的种群数量却从未恢复。不过，似乎有一小群蓝鲸顽强地生存下来。蓝鲸在下加利福尼亚、中加利福尼亚和南加利福尼亚以及一处被称作“哥斯达黎加穹顶”（Costa Rica Dome, 位于中美洲近海海域，富含营养的冷海水在此上涌）的海域活动，这里的蓝鲸数量占到了全世界蓝鲸总数量的 1/3，据估计，区域内蓝鲸总共有 2000 ~ 3000 头。

想做好与蓝鲸的初次邂逅的心理准备是不可能的。它的体型大到令人窒息，几乎有波音 737 那么长，体重和锡利群岛（Isles of Scilly）上人类居民的总重量相当（约 2000 人）。见到地球上最大也最令人震撼的动物，是每位自然主义者的梦想。哪怕仅是得到与一头蓝鲸近距离接触的机会，都会让你的下加利福尼亚州之旅不虚此行。

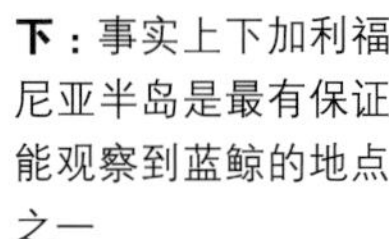

下：事实上下加利福尼亚半岛是最有保证能观察到蓝鲸的地点之一

拉巴斯湾的鲸鲨

拉巴斯湾（La Paz Bay）是下加利福尼亚半岛东南角上的一个巨大缺口，也是世界上近距离观察鲸鲨的最佳地点。经过几十年密集捕猎后，这种海洋中最大的鱼类，已经差不多从它最初生活的温暖的温带和热带海域中消失了，这种消失是全球性的。不过拉巴斯湾是全球仅剩的几片仍可发现适当数量鲸鲨的海域之一。

在这个湾区里，人们可以看到迷人的幼年和成年鲸鲨；偶尔还会看到十多条鲸鲨一起出现。不过，它们在湾区出没的时间都相当令人困惑，没有明显的规律可循。尽管每当鲸鲨现身时，都会有旅游行

近距离接触：
参加船宿旅行是最佳的观鲸（包括好奇心重的座头鲸）方式

程的安排，但公认最佳旅行时间是每年9月至12月中旬。当然，它们在一年当中的不同月份都有可能出现（除了高峰月份之外，我曾在3月、4月、6月和7月与它们有过精彩碰面）。它们从何处来又去往何处，仍是世界上最大的野生动物谜团之一。

找到鲸鲨的最佳方法是借助探鱼飞机。空中定位鲸鲨非常容易——从600英尺的高空往下看，它们就像长了斑点的巨大蝌蚪——飞行员会指引你的船精确到达鲸鲨的位置。你无须湿脚便可以观察它们，但最好的视角是在水中。预约浮潜之前有许多问题要落实，要仔细选择经营者，好的经营者会坚持自愿性的指导原则，不干涉水下观察，并尽可能不惊扰鲸鲨。要谨记那些不可为的事项。

与鲸鲨共同浮潜决不像一边吃早餐一边看电视那般安心——原因很简单，理论上任何身长、体重与一辆公交车相近的动物，都能轻易地让一个微如蝼蚁的人在水中消失得无影无踪。但人们依然蜂拥而至。但无论如何，这将是人生中的一段华彩乐章。

你要知道的

何时去最好？

主要的观鲸季是从2月初至4月末。虽说长须鲸、抹香鲸、布氏鲸及很多种类的海豚均把科特斯海作为栖息地，但并无“最佳”观察时间，每个动物种群都有自己的特征和个性。一般来讲，在圣伊格纳西奥，灰鲸在观鲸季的前期以庞大的数量为特色，而在后期以更加友善的行为与人类交流。鲸鲨的数量在9月至12月中旬间达到顶峰，水体的能见度在1月和2月最糟糕。

如何去最好？

迄今为止，探索下加利福尼亚半岛的最佳方式——可以看到大部分鲸和其他野生动物——是参加为期12天的“海上巡游”，乘 条设施齐全的游船，载上一群兴趣相投的人。大多数旅程都是从加利福尼亚的圣迭戈出发，向南游览半岛近太平洋一侧海岸，在科特斯海逗留将近一周，之后在半岛最南端的卡波圣卢卡斯（Cabo San Lucas）上岸。还有从拉巴斯出发的船宿旅行，不过仅游览科特斯海。

还有另外的行程计划，可以从圣迭戈或恩塞纳达（Ensenada）出发，驱车或乘飞机前往圣伊格纳西奥潟湖，在沿岸一些宿营地停留。当地渔民每天都会用潘戈带你出海观鲸，到了晚上，可以躺在床上倾听鲸鱼的喷水声。在其他繁殖潟湖，也可以安排半天观鲸活动。

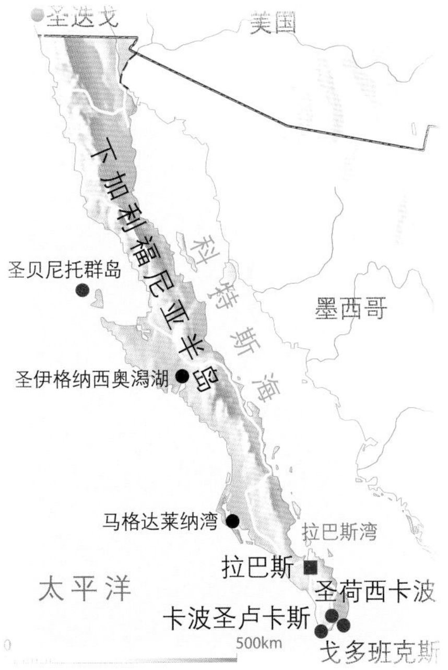

你可以参加从卡波圣卢卡斯和洛雷托（Loreto）出发的半日或整日观鲸游，分别寻觅座头鲸和蓝鲸的踪影，而令人愉快的拉巴斯城是优质的浮潜基地，可以同加州海狮和鲸鲨畅游拉巴斯湾。

圣迭戈
美国
下加利福尼亚半岛
科特斯海
圣贝尼托群岛
墨西哥
圣伊格纳西奥潟湖
马格达莱纳湾
拉巴斯湾
拉巴斯
太平洋
圣荷西卡波
卡波圣卢卡斯
戈多班克斯
0
500km

凝视：布温迪禁猎区国家公园的一些山地大猩猩已经习惯接待人类游客

与山地大猩猩勾肩搭背

乌干达：布温迪禁猎区国家公园

观察大猩猩并不轻松，但正如史蒂芬·弗雷所言："啜泣失声、气喘吁吁、全身酸楚、脚步慌张、挥汗如雨，甚至蒙羞受辱都无所谓。这次行程，值！"

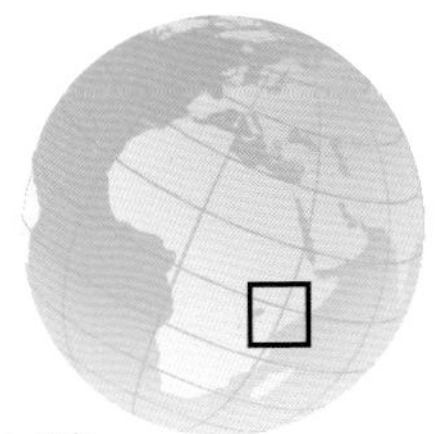

体验

The experience

体验什么？近距离观察人类的近亲

到哪儿去体验？乌干达西南部，与刚果民主共和国接壤处

如何体验？与一队追踪者、导游、武装警卫和脚夫一起在丛林中艰苦跋涉

这次体验只有一小时——不过先要进行最艰苦的旅行。但这有可能是你一生中最激动人心、最谦恭、最兴奋的时刻之一。与野生山地大猩猩勾肩搭背是真正的荣耀之举，如果人人都能经历一次，世界将变成更好的人间。

开发大猩猩旅游项目是艰难的事业。我知道人们都想亲眼见到大猩猩，但又担心旅游开发也许会带来麻烦，或是把人类的疾病传染给它们。可要是没有旅游业支持，大猩猩是不可能出现在这个地方的。事实就是这样，旅游业保证了它们的生存，让生存比死亡更有意义——对当地政府和民众来说也是如此。

目前非洲约有 800 只山地大猩猩，其中 480 只生活在横跨乌干达、卢旺达和刚果（金）的维龙加火山地区（Virunga

最棒的一天

我记得那天我正在寻找拉什古拉（Rushegura）家族，共有14个家族成员。我们的运气出奇地好，仅仅行进了35分钟，向导便发出信号，要我们保持安静。在视力所及之处，站着一个非常大的家伙，我竟没注意到。那是一只银背大猩猩。我们尾随着这个大猩猩家族走下山坡，来到距离我的宿营小屋不足100码的地方。距离近到简直能躺在床上观察它们。不过最精彩的一幕发生在我当天下午晚些时候再次见到它们时，地点在花园正后方的林间小路上。这一次它们有15个成员，自从上次“官方”访问以来，仅仅过了几个小时，它们其中一只母猩猩就生下了一只小宝宝。

Volcanos），另有310 ~ 340只在乌干达的布温迪禁猎森林里（Bwindi Impenegtrable Forest）。

一提到山地大猩猩人们就会想到维龙加火山。36个大猩猩家族（以及14只孤独的银背大猩猩）分布在三个不同的保护区：卢旺达火山国家公园（Volcano National Park），乌干达曼加辛加大猩猩国家公园（Mgahinga Gorilla National Park）和刚果（金）维龙加国家公园。但实际上观察大猩猩的机会非常有限。在刚果（金），与它们相遇纯属偶然。非常不幸，它们的生活区域恰恰是人类冲突和苦难的中心，它们被迫与各色反叛分子和全副武装的士兵分享家园。据说唯一栖息在乌干达曼加辛加的大猩猩家族已经穿过边界进入卢旺达和刚果（金）境内，那里也不是可靠的观察点。因此只有卢旺达的火山国家公园，是公认的观察大猩猩的热点地区，那里有

8个大猩猩家族。

不过我真心喜欢往北15 ~ 20英里，并不火爆的布温迪禁猎区国家公园。这是一片面积128平方英里的原始热带雨林，周围遍布香蕉园和茶园。这片终日薄雾缭绕的广阔山地丛林，是全球最具生物多样性的地区之一。

这里古木参天、藤萝缠绕，尽管很难见到太多野生动物，但这片森林中生活着不少于120种哺乳动物、360种鸟类、310种蝴蝶和1000种开花植物。当你踏上山间小径，便会听到来自四面八方、此起彼伏的动物叫声。

而山地大猩猩显然是这里的明星。乌干达野生动物管理局已经让7个大猩猩家族适应了接待游客。种群数量从7只到36只，每个家族通常由一只成年雄性大猩猩（或称“银背”）率领，还有几位“后宫佳丽”，另外就是年轻的雄性“黑背大猩猩”和幼崽。

首先适应了与人类接触的是姆巴家族（Mubara group），1991年它们正式与人类见面。因为它们主要在公园总部附近活动，而广受游客欢迎。另外还有哈宾亚加、库灵戈、顺吉、比图库拉、卡格里罗和拉什古拉等家族［遗憾的是，拉什古拉家族有时会溜出乌干达，进入刚果（金）境内，这会让数月前订好的旅行计划泡汤］。

每天早上，都会有新的游客大军聚集在森林入口的草坪上，出发之前，他们在追踪者、向导、武装警卫和脚夫的陪伴下听取详细的介绍。

我们的脚夫是超人——再多的摄影器

物种名录

- 山地大猩猩
- 黑猩猩
- 红尾猴
- 尔氏长尾猴
- 黑白领狐猴
- 红疣猴
- 蓝猴
- 东非狒狒
- 非洲灌丛野猪
- 小羚羊
- 灰颊猴
- 黑蜂虎
- 红胸蜂虎
- 黑白噪犀鸟
- 白腿噪犀鸟
- 黑嘴冠蕉鹃
- 大蓝蕉鹃
- 非洲绿阔嘴鸟
- 山鹂
- 黑脸棕莺
- 蓝头鸦鹃
- 非洲寿带
- 珍珠母蓝蝴蝶
- 黄带翠凤蝶
- 东非长翅凤蝶
- ……

“无法穿越的布温迪森林，名字起得倒很贴切——这是一片绿色的荒蛮之地，植被繁茂，万物层叠生长，密不透风。”

材都能带上。这段艰苦的行程长短不定，运气好用不了 1 小时，运气差可能要 11 小时。这完全取决于分配给你的大猩猩家族何时现身。

进入森林，走在湿滑崎岖的山间小路，你步履沉重，没几分钟便气喘吁吁、挥汗如雨。无法穿越的布温迪森林，名字起得倒很贴切——这是一片绿色的荒蛮之地，植被繁茂，万物层叠生长，密不透风——一层层的蕨类植物、苔藓、藤蔓和地衣。在植被太过茂密的地方，你不得不小心地在植物纠结盘绕成的台阶上行走，仿佛一不留神你就会陷下去，掉进深渊之中。

所有一切都令人异常兴奋。尤其是当你与第一只大猩猩面对面时，泥土、汗水还有泪水，一瞬间都烟消云散。站在广袤丛林的中心地带，与地球上最大的灵长类动物在一起，是今生最为愉悦的事情之一。分配给你的时间——允许停留的最长时间——飞快流逝，就像一切才刚开始就结束了。但此情此景绝不会再度重现。

近距离观察我们的近亲： 整个非洲只剩下 800 只山地大猩猩，而与它们见面受到严格的控制

左： 一只年轻的大猩猩警觉地看着我们；神秘的布温迪禁猎雨林；“超人”脚夫等着下一个活儿

你要知道的

何时去最好？

大猩猩探秘之旅可以全年开展。在旱季时，丛林的步道稍微好走些（尽管倾盆大雨在一年当中的任何时候都有可能不期而至）；不过，大猩猩喜欢在阵雨之后晒太阳，因此雨季时它们通常会花更多时间在空旷的地方活动。

1 月至 2 月和 6 月至 8 月是最干旱的月份。日间平均气温 25 ~ 27℃，体感舒适，但到了晚上又会感觉异常寒冷。从 3 月到 5 月，一些道路无法通行。6 月和 7 月是观察蝴蝶最好的时间，而许多兰花是在 9 月和 10 月开放的。

如何去最好？

先飞到乌干达的恩德培（Entebbe），之后驱车前往布温迪（车程 320 英里，其中大部分是柏油碎石路面，但有少部分路面非常粗糙——要花 1 天的时间，最好选择四驱越野车）。另一种方案是租一架小型飞机从卡加西（Kaijansi）或恩德培飞到卡永扎（Kayonza）——大约 1.5 小时。在公园总部附近的布侯马（Buhoma）有几座旅馆、帐篷、公共活动室和宿营地。要戴上园艺手套以清理妨碍前进的刺草和荆棘。

每次行程都需要办理观察大猩猩许可证，目前收费 500 美元（淡季 350 美元）并须提前预订。每个大猩猩家族每天只能观察一次，每次明确规定只有 1 小时，每个考察团最多 8 个人。

虽然成功概率接近 100%，但并不能保证肯定能遇到大猩猩。最大的风险是大猩猩可能待在树梢上（在布温迪，它们有大约十分之一的时间就是这样度过的）。你必须处于健康状态——例如，任何患上感冒的人都禁止与大猩猩近距离接触——还要做好全身防护。高海拔地区的徒步旅行可能会非常艰难，会遇到陡坡、藤蔓和烂泥。但请记住，分配给你的 1 小时将成为你人生经历中的高光时刻。

既然已经到了乌干达的这个偏远地区，就不要错过伊丽莎白女王国家公园（Queen Elizabeth National Park）。这里是全球最大的河马群聚地，还有数千只乌干达赤羚、会爬树的狮子和大约 550 种鸟类，是非洲最美丽的公园之一。

我自怡然：遍布南极半岛的食蟹海豹躺在浮冰上“乘凉”

右：看到这张照片你就知道帽带企鹅的名字从何而来了

与企鹅一起冻并快乐着

南极半岛与南设得兰群岛

南极洲的恢宏与壮观有着强大的吸引力：20 多年来我有机会便要踏上这片土地，但探索永无尽头。

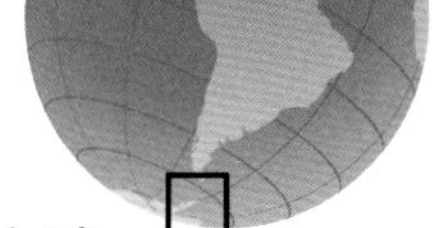

体验

The experience

体验什么？在最后一片巨大荒原上，参加野生动物的大聚会

到哪儿去体验？南极洲最容易到达的地方：南极半岛和南设得兰群岛

如何体验？一次舒适的船上探险，船体是需要特别加固的

说起南极，人们心头总是流淌着一种非常特别的思绪。曾在 1914 ~ 1916 年由欧内斯特·沙克尔顿（Ernest Shackleton）率领的著名的“坚忍号”探险队中担任二副的弗兰克·怀尔德（Frank Wild），被问起为什么他甘愿冒着极度严寒，在并无十足生存把握的情况下，一次又一次重返南极时，他说，他无法摆脱那种“轻声细语”的召唤。这一点很难向从未到过南极的人解释，但就是这种“轻声细语”让许多人一次又一次回到这片白色大陆。

这里无处不在的纯粹之美，令人无法想象、目不暇接。试想一下：乘坐苏地亚充气橡皮艇在超脱凡尘的冰雪世界里巡游；混迹于毛皮海豹群中，荒凉的海滩是它们的领地；坐在企鹅聚集地旁，聆听它

上：近距离观察食蟹海豹的愿望实现了

下：帽带企鹅可能是南极洲最常见的企鹅，在南极半岛周围便有约 800 万对

们嘈杂的叫声；观看成群的逆戟鲸沿着曲折的海岸线游弋；或只是欣赏令人惊叹的美景——冰封的水道、冰川、蓝白色的冰山和白雪皑皑的山脉，以此消磨时间。南极不仅是全球最大的野生动物聚集地，还为人类奉献了壮观的冰原生态，这里的野生动物具有难以置信的壮丽与雄浑之气。

其他因素也塑造了它的独特之处。没有任何国家拥有这块大陆的任何角落。英国、挪威、法国、阿根廷、智利、新西兰和澳大利亚，都有领土要求，但都被《南极条约》“冻结”，南极大陆不属于任何人。

已经有许多人类宝宝在这里呱呱坠地——第一位叫埃米利奥·马科斯·德帕尔玛（Emilio Marcos de Palma），1978 年 1 月 7 日出生在阿根廷埃斯佩兰萨（Esperanza）科考站。每年冬天，约有 1100 位科学家和后勤人员在此工作、生活，到了夏天则多达 5000 人。但这里并无本土居民，也没有任何永久居民。

更令人满意的是，尽管这里偏僻、荒凉，但现在你能方便地拜访南极半岛，探索一大片区域，不到两周的时间便又回到家里。一个世纪以前，同样的行程至少需要两到三年时间——并且未必能活着回来。

德雷克海峡

旅程的起点和终点都在全球最靠南的城市——阿根廷火地岛省的乌斯怀亚（Ushuaia），它坐落在雄伟的、白雪皑皑的安第斯山脉与著名的比格尔海峡（Beagle Channel）之间。你可以提早一两天来这座有趣的边陲小镇游玩，看看南美毛皮海豹、南美海狮、麦哲伦企鹅、豚鸥、叫鹰和其他一些再往南就见不到的当地野生动物。

游船将在黑暗中驶过合恩角，之后继续向南，花费一天半时间穿过臭名昭著的德雷克海峡（Drake Passage）。不管你有多不情愿都不会改变严酷的现实。这片位于南美大陆最南端和南设得兰群岛（South Shetland Islands）之间，宽 500 英里的开阔水域，是世界上最恶劣的水体之一。但我已经多次在大风大浪中成功穿越此地，而这次穿越也是整个行程的亮点之一。不管你经受的是平静的“德雷克湖”还是激荡的“德雷克巨浪”，我的心得是：顺势而为。坚守“经历风雨方见彩虹”的信念，你会为南冰洋的广阔所震撼，遥想早期探险者的峥嵘岁月，对一路陪伴你的信天翁、海燕或其他海鸟发出由衷赞叹，同时为巨鲸喷水的壮丽场景醉心不已。

多年来，我在穿越德雷克海峡时见到了各种不可思议的鲸目动物：大西洋斑纹海豚、皮氏斑纹海豚、南鲸豚、逆戟鲸、长肢领航鲸、抹香鲸、座头鲸、长须鲸、鳁鲸、南极小须鲸、侏儒小须鲸和南露脊鲸，甚至还有南瓶鼻鲸。不过你能见到多少取决于天气与海况——当然在搜寻上也要下一番功夫。只须记住：如果不到那里实地考察，你什么都见不到。如果你付出了努力，你很快就会发现，在德雷克海峡度过的那两天还不够长。

南设得兰群岛

行程的第一站通常就是这处由 11 座大岛和许多小岛组成的岛群，它绵延约 335 英里，与南极半岛的北端大致平行。这是南极最温暖湿润、丰富多彩的区域。在这里，你将第一次见到规模庞大的企鹅群，体验在南极毛皮海豹所主宰的海滩登陆，也有时间观察圆滚滚的象海豹。

这里有许多不错的登陆点。我曾尝试从象岛的怀尔德角（Point Wild）登陆，并对当年落难于此的 22 人致敬——弗兰克·怀尔德即在其中——他们在此生活了 4

嘿，冰山：苏地亚橡皮艇（刚性可充气船体）是在浮冰区穿行的最佳交通工具

最棒的一天

我喜欢坐在天堂湾（Paradise Bay）畔一块高大的岩石上。那是我最钟爱的位置之一。那天阳光明媚，景色迷人，甚至按照南极洲的标准也是如此。就在我的正下方，两头座头鲸正从一群在一块浮冰上小憩的食蟹海豹旁悠然游过。再往远处，蓝白色的巨大冰川正在崩解，裂缝闪闪发亮，雷鸣般的轰隆声在海湾里回响。我身后是真正的大山，那里是完全不同的世界，在风化的岩石上能看到白鞘嘴鸥、巨鹱、黑背鸥和南极鸬鹚。我记得我小心翼翼地将它们全部拍摄下来，我想再也不会见到如此激动人心的景象了。

你先请：三只巴布亚企鹅摇摇晃晃地在冰上行走，正准备纵身一跃

右：威德尔海豹是生活在地球最南端的哺乳动物；南极冰原决不枯燥乏味；霍普湾（Hope Bay）是世界上规模最大的阿德利企鹅家园之一

“两头座头鲸正从一群在一块浮冰上小憩的食蟹海豹旁悠然游过。”

个月，直到1916年沙克尔顿前来营救才脱险。类似的登陆点还有：企鹅岛（Penguin Island），那里像月球表面，但栖息着帽带企鹅和巨鹱；艾秋群岛（Aitcho Islands），聚集着帽带企鹅与巴布亚企鹅和圆滚滚的象海豹，还有散落的鲸骨。半月岛（Half Moon Island）是一座新月形小岛，生活着帽带企鹅、南极鸬鹚、黄蹼洋海燕、白鞘嘴鸥、亚南极贼鸥和其他海鸟；格林尼治岛（Greenwich Island）的扬基港（Yankee Harbor）是著名的巴布亚企鹅繁殖地，这里还住着大量暴躁的南极毛皮海豹；而在利文斯顿岛（Livingston Island）的汉娜角（Hannah Point），也能见到许多野生动物，这里也是最有可能见到马可罗尼企鹅的地点之一。

精彩的是迪塞普逊岛（Deception Island）。岛上有一处坍塌的火山锥，可以乘船通过火山残壁上一个狭窄的豁口，叫作“海神的风箱”（Neptune Bellows）。能航行到被淹没的火山口里本就是独特的体验。除了壮观的火山地貌，这座环形岛屿上还挤满了帽带企鹅。同时它也是南极毛皮海豹的聚集地。这里有一处古老的挪威捕鲸站和一座废弃的英国南极调查局基地。你甚至能在岛上温热的水里泡个澡。

你还能参加一项活动——参观使用中的科考站，例如波兰阿尔茨托夫斯基站（Arctowski）或巴西费拉斯站（Ferraz）。南设得兰群岛正在进行很多前沿科研项目，这其中包括全球持续时间最长的企鹅项目。

南极半岛

离开南设得兰，游船穿过布兰斯菲尔德海峡（Bransfield Strait），驶向南极半岛的最北端。这是一片由宽阔海峡、狭窄水道、连绵曲折的海湾、山峦起伏的岛屿和高耸的厚板状冰山组成的陆地，像一只弯曲的臂膀，指向东北方。

一方面，大片荒凉的南极大陆——其面积比美国和墨西哥的面积总和还大——是生命禁区，这里的极端低温达 −89℃，寒风刺骨，还有长达数周的冬季极夜；而另一方面，南极半岛却拥有丰富的野生动物和更加温和的气候。

旅途中到处是企鹅，这里是巴布亚企鹅、帽带企鹅和阿德利企鹅的聚集地，你甚至还能见到年幼的帝企鹅，能近距离观察鲸和海豹，欣赏美得令人窒息的冰原，还能参观工作中的科考站。你还有充足的机会看到南极鸬鹚、黑背鸥、南极燕鸥、南极贼鸥、亚南极贼鸥和白鞘嘴鸥，甚至雪鹱和其他特别的鸟类。

在半岛及半岛附近，你最有可能见到威德尔海豹、食蟹海豹和斑海豹。威德尔海豹是地理分布上最靠南的哺乳动物，在这里很常见，它的声音很特别，在冰面上和冰面下都能听到。据估计食蟹海豹是世界上种群数量最多的鳍足类动物（尽管估计的数量偏差较大，但可能在1000万～1500万只之间），它们主要在更靠南的南极浮冰区被发现。斑海豹有非常明显的爬行动物的头部特征，外表吓人，它是南极半岛附近另一种常见的野生动物，斑海豹通常独居，不是在冰面上休息，就是到附近的企鹅聚集地猎食。

南极半岛可谓鲸之家。这里有三种鲸较为常见——座头鲸、南极小须鲸和逆戟鲸——许多人都曾在苏地亚充气橡皮船上近距离接触过至少其中一种鲸。座头鲸在某些海域出没特别频繁，一天里看到100头甚至更多都不足为怪。

根据天气与冰情，备选登陆点有：霍普湾，全球最大的阿德利企鹅聚集地之一，这里还有友好的阿根廷埃斯佩兰萨科考站；保莱特岛（Paulet Island），这里被从拉森冰架（Larsen Ice Shell）崩解的巨大冰山包围，是另一处阿德利企鹅大规模聚集地；拉可罗港（Port Lockroy），南极洲接待游客最多的地方，这里能看到巴布亚企鹅、鲸骨、一座由英国南极遗产信托机构管理的基地和邮局（唯一能寄明信片的机构）；天堂湾，被荒凉的山脉所环绕，港湾里漂浮着数量极多的浮冰和庄严的冰山，它经常被描述为世界上最美的自然港湾之一；彼德曼岛（Petermann Island），一座被白雪覆盖的绚丽岛屿，岛上有憨态可

“世界尽头或许就是野生动物和荒野的终极之地，造访这样的地方时，让人感觉最伟大的事情恰恰是自然界的至纯至简。”

蹒的阿德利企鹅，这里还是最靠南的巴布亚企鹅繁殖地；另外一个驻足点是著名的勒梅尔海峡（Lemaire Channel），这是一条极其壮美的7英里长的水道，被包夹在布斯岛（Booth Island）和南极大陆之间，巨大的浮冰漂浮其间，还有懒洋洋的海豹和大量鸟类。

接下来，游船再次穿越德雷克海峡，视天气情况回到合恩角作短暂停留。带着惊奇的目光欣赏这处世界上最著名的地标吧！同时你还能找到皮氏斑纹海豚和种类繁多的海鸟。这些海鸟在此流连，似乎有着奇妙的规律。在你意犹未尽时，已经回到了乌斯怀亚。

舒适的探险

马可·波罗有一个关于探险的有趣理论：“探险是悲惨且不舒服的，但它可以在安全的怀旧中再现。”遗憾的是，他从未有机会踏上去南极探险的游轮。

世界尽头或许就是野生动物和荒野的终极之地，造访这样的地方时，让人感觉最伟大的事情恰恰是自然界的至纯至简。大多数前往南极探险的游轮像舒适的旅馆，工作人员跟游客一样多。从极地探险到海鸟研究，成群结队的国际专家来自各领域，他们挤在舷窗前欣赏令人震撼的壮丽美景，享受精致美食，以及藏书丰富的图书馆、剧场风格的会堂等一系列配套服务设施。

我可以把南极之旅的“典型一天”介绍给大家。它始于友好的叫醒服务和精致美味的早餐。上午可以听听讲座，或找机会观察游轮如何在南极的浮冰“路障”中穿行。接下来组织者会提醒大家做好当日首次上岸准备——穿上色彩鲜艳的南极夹克、长裤和防水长靴。

每艘游轮都配备了结实的苏地亚橡皮艇，能将探险队员和游客安全、快速地运送到野生动物聚集地、历史景点或科考站。一开始，很多人担心能否气定神闲地带着相机上下橡皮艇。但尝试过几次优雅的——通常是令人捧腹的——登陆之后，动作便会变得矫健自如。许多人愿意待在岸上越久越好——通常每天1到3小时，不过要取决于当天的行程——橡皮艇充当了水上出租的角色，可以随意将人们摆渡到想去的地方。

游轮向下一个目的地巡游时，午餐被舷窗外不断变换的景色和壮观的野生动物场景频繁打断。有哪个假日你能在一顿饭的工夫饱览如此令人振奋又绚丽缤纷的景致呢？然后，另一次集合号响起。这也许是在另一处地点的第二次上岸，或是又一

下：除了生活在这里的野生动物之外，南极的冰也会浪费你很多相机存储空间

物种名录

- 蓝斑海豹
- 食蟹海豹
- 威德尔海豹
- 南象海豹
- 南极毛皮海豹
- 座头鲸
- 南极小须鲸
- 逆戟鲸
- 南露脊鲸
- 长须鲸
- 皮氏斑纹海豚
- 大西洋斑纹海豚
- 巴布亚企鹅
- 阿德利企鹅
- 帽带企鹅
- 马可罗尼企鹅
- 漂泊信天翁
- 北方皇家信天翁
- 南方皇家信天翁
- 黑眉信天翁
- 灰头信天翁
- 灰背信天翁
- 巨鹱
- 北方巨鹱
- 花斑鹱
- 南极鹱
- 雪鹱
- 鸽锯鹱

……

笑一笑：斑海豹长着一颗非常怪异的爬行动物的头

次精彩的橡皮艇冰面美景观光，与趴在浮冰上的海豹和企鹅擦身而过，或置身于觅食的巨鲸群中。

到了傍晚，或许会再次上岸，或许会乘橡皮艇观光，或许去会堂听讲座，或是轻松惬意地在甲板上再消磨几个小时，直到夜幕完全降临。在仲夏时节游历南极肯定会遇到的问题就是日照时间过长。甚至在一整天勇猛探险后，游船驶往下一处激动人心的景点，可你却不敢睡觉，生怕错过什么。你只想待在甲板上或船桥上，哪怕多瞥一眼冰山，多看几只海豹、一两头鲸，或只是多拍几张颇有气势的照片，也会非常开心。

这只是一种方案——旅行时彻夜不睡，到家后一睡不起。

你要知道的

何时去最好？

南极洲适宜观光、考察的季节为每年的 11 月至次年的 3 月中旬（南半球的春季和夏季），每个月都有自己的华彩乐章。11 月是欣赏浮冰、积雪和企鹅求偶的最佳月份。12 月和 1 月更温暖一些，日照时间也更长，可以看到企鹅喂养幼崽的场景，也是比较好的观鲸时间，此时浮冰减少，会有新水道出现，更有利于探险。2 月和 3 月初是观鲸的最佳时间段，但企鹅聚集地已经平静下来，积雪大都已融化成雪泥。在南极洲的夏季，南极半岛的温度范围在 -10℃到 6℃之间，但通常是在 0℃上下波动。

如何去最好？

大多数探险游轮都是从阿根廷南部的乌斯怀亚出发的，目的地为南设得兰群岛和南极半岛。行程通常持续 9 ~ 14 天。更长的行程还包括福克兰群岛（Falkland Islands）和南乔治亚岛（South Georgia）。大约两天的德雷克海峡横渡是最糟糕的体验，不过一进入南极大陆附近受保护的水道，你便会忘记之前的辛苦。在那里，根据游轮大小和天气状况，预计每天安排 2 ~ 3 次登陆或苏地亚橡皮艇巡游。

游轮越大，费用越低，但游客太多，就要执行轮换制度上岸游玩（一次上岸的人数不得超过 100 人），这意味着每位游客只有相当少的上岸时间。一些更大的游轮根本没有登陆安排——只安排巡游。考虑到在紧急情况下可获得的资源有限，大船也有可能导致更严重的冰面破裂，并给游客安全带来严重威胁。小游船能提供更多的上岸时间，但穿越德雷克海峡耗时更长，让你苦不堪言。载客量在 100 人左右的游船最为合适。

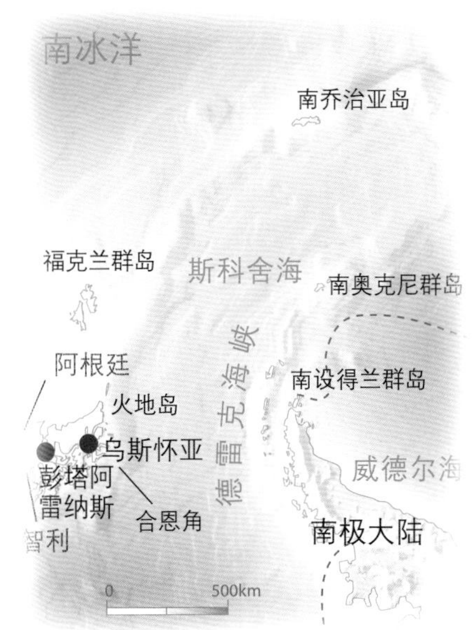

还有一个出行方案可供选择，在智利南部的彭塔阿雷纳斯（Punta Arenas）乘飞机前往南设得兰群岛的乔治王岛（King George Island）来次一日游，如果可以，加入一条已经在那儿的游轮，这样就避开了艰难的横渡之旅，但费用昂贵并且你会错过真正的探险体验。

铺天盖地的飞鸟：冬日清晨，成千上万只雪雁几乎同时从博斯克保护区腾空而起

与鸟儿一起腾飞

新墨西哥州：博斯克阿帕奇国家野生动物保护区

随着太阳从地平线上喷薄而出，这个早晨注定被染成橙色，不计其数的雪雁振翅腾飞，宛如色彩的大爆炸。

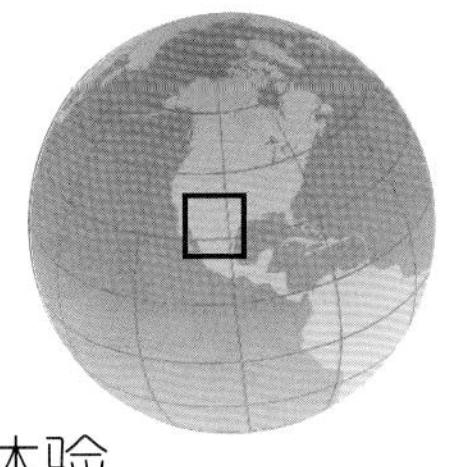

体验
The experience

体验什么？ 真正的野生动物奇观，一次精神上的饕餮大餐

到哪儿去体验？ 美国新墨西哥州奇瓦瓦沙漠边缘，一块聚集着丰富野生动物资源的湿地绿洲

如何体验？ 先飞到阿尔伯克基，再租辆车

博斯克阿帕奇（Bosque del Apache）国家野生动物保护区是北美最佳观鸟地之一，保护区面积 90 平方英里，区内密布冲击平原、农田、湿地、草场和山地丘陵，格兰德河（Rio Grande）纵贯而过。在这里你将目睹这颗星球上最伟大的野生动物奇观之一。

这一奇观持续时间不长，最高潮的部分也只有 10 秒，但这 10 秒便足以使其他野生动物奇观黯然失色。人们从世界各地来到这里，等待奇迹发生。

多年来，人们一直盯着那块“飞行甲板”（Flight Deck）——一座建在大湖高脚桩上的木制观察平台。从这里能俯瞰雪雁和细嘴雁的主要栖息地，天气晴好的日子，无数雪雁飞到水面上，不停地相互致意。凌晨时分，会有大量在保护区其他区

“单单听到它们集体振翅的声音便会让你觉得不虚此行：它们的喧闹声震耳欲聋——就像足球赛进球后的欢呼声一般。”

最棒的一天

多年来，我已经看过太多博斯克保护区的照片，现在闭上眼睛也能想象到那个经典的场景——成千上万只雪雁从橙色的薄雾中腾空而起。坦率地说，我第一次来访所看到的景象并不如想象中那么完美，但我坚持了下来，到目前我已经亲眼见证了奇迹的发生，了解了奇迹背后的故事。关于那个梦幻般的清晨，我记住了三件事：极其寒冷；雁群骤然升空前毫无征兆（前一刻鸟儿还贴着湖面漫无目的地翻飞，后一刻全部腾空而起）；鸟群制造的噪音也同样令人震撼。

域过夜的雪雁在黑暗中加入。

每个冬日拂晓，都会有摄影师和鸟类观察者聚集于此，静静等待伟大奇观即所谓“起飞时刻”的到来。在晴朗的日子，太阳刚刚在山峦间露出笑脸，阳光穿透笼罩在地表的浓雾，眼前的风景就变成了橙色，这些鸟儿就像一团巨大的火焰。

不管有没有“雾中的一把火”，似乎都存在某个微妙的触发动作，忽然之间，在旭日朝霞下，数量惊人的雪雁一起腾空而起。它们层层叠叠地飞行，低低掠过“飞行甲板”，发出狂乱的叫声，奔赴它们最喜爱的原野上觅食。一位朋友曾经兴奋地告诉我，单单听到它们集体振翅的声音便会让你觉得不虚此行：它们的喧闹声震耳欲聋——就像足球赛进球后的欢呼声一般。这场景如此惊心动魄、令人兴奋，而你所有的担心都会在“噢”的惊叹声中荡然无存。

10 秒之内，所有雪雁都飞到空中，湖面空空荡荡。至少雪雁都飞走了。这里也是沙丘鹤的热点活动区域（博斯克是沙丘鹤的重点保护区——经常会有多达 16000 只沙丘鹤聚集于此），在雪雁完成自己的壮举之后，它们也一小群、一小群地逐渐散去。

清晨的奇景上演完毕，你还能看到大量其他野生动物，直到雪雁和沙丘鹤回来过夜。然而，雁鸣声和沙丘鹤“咕噜咕噜”的喉音却从未远去，随时都能看到它们分成小股鸟群在保护区上空飞翔，或降落在周围的田地里休息。

不过博斯克也是其他鸟类的天堂，不仅是在种群数量上（在任何时候都会有高达 14 万只不同种群的鸭科动物和雁类），也表现在种类数目上（在这里已经记录到不少于 377 种鸟类）。

这里有一条极为精彩的环形水路，长 12 英里，沿岸有许多停靠点，也有许多木制观察台和不太长的步道——从 1.5 英里至 10 英里不等。乘船慢速环游水道是观察博斯克野生动物的最佳方式。船行路线抵近沙丘鹤和雪雁的觅食区，星罗棋布的池塘里挤满了美洲绿翅鸭、环颈鸭、斑头秋沙鸭、针尾鸭和其他野禽，你能看到各种群聚的鹰类（秃鹰便经常栖息在“飞行甲板”附近和湿地环路沿线的树上），你还能看到走鹃和红玉冠戴菊鸟等各种鸟类，总之这里是观鸟的好地方。这里的野生动物已经习惯了汽车，如果你拒绝下车观鸟的诱惑，也可以坐在车里来一次精彩的隐身探索，与你的观察对象近到难以想象。

我在博斯克遇到的郊狼也比北美其他地区多。冬天它们频繁现身于农田环路上

物种名录

- 雪雁
- 细嘴雁
- 沙丘鹤
- 白冠麻雀
- 走鹃
- 美洲绿翅鸭
- 环颈鸭
- 斑头秋沙鸭
- 针尾鸭
- 棕硬尾鸭
- 普通秋沙鸭
- 秃鹰
- 库氏鹰
- 鬣鹰
- 红尾鹰
- 黄头黑鹂
- 美国金翅雀
- 暗冠金翅雀
- 岩鹪鹩
- 艾草漠鹀
- 稀树草鹀
- 红玉冠戴菊鸟
- 美洲狮
- 麋鹿
- 郊狼
- 骡鹿
- 豪猪
- 麝鼠
- 河狸
- 长耳大野兔
- 沙漠棉尾兔
- 岩黄鼠
- 刚毛棉鼠
- ……

不随大溜的沙丘鹤：博斯克的阿帕奇是沙丘鹤的重点保护区，通常会有多达16000只沙丘鹤聚集于此

左：在保护区观鸟的同时，也请留意郊狼

（是湿地环路的另一小段），一边游荡一边觑觎雁群。你能在池塘和河汊中发现河狸和麝鼠的踪影，还能在路边遇到骡鹿和豪猪。

日暮时分，天色渐晚，该再次登上“飞行甲板”欣赏雪雁和沙丘鹤倦鸟归林了。它们重新现身湖面，栖息过夜，但此时并未上演清晨出发时的那种戏剧性场面。不过，随着夕阳渐渐隐没于地平线之下，看着它们在摇曳不定的落日余晖中极速往来穿梭、上下翻飞，难道不也是一番辉煌的图景吗？

在2月末或3月的某个时间，雪雁会离开博斯克飞去北方。它们集结成队飞得很高，发出嘈杂的声音，迁徙数千英里，到达位于阿拉斯加、加拿大甚至俄罗斯东北部的高纬度北极冻原繁殖地。到了11月，它们又会回到博斯克，再次上演每日奇观。

你要知道的

何时去最好？

奇观发生在冬季，从12月初至2月中旬，数量巨大的雪雁和沙丘鹤聚集在此。既然称为奇观，总会带一点儿偶然性，而且近些年，其可预见性也越来越差。“起飞”地点可能每天都不同。

在冬季，气温通常较为适宜，但黎明前（我1月去的时候，气温低至-15℃）较为寒冷。在每年的11月，这里举办沙丘鹤节（Festival of the Cranes），通过导览参观、展览和举办研讨会的形式迎接沙丘鹤的回归。

在春季（尤其是4月末至5月初）和秋季，栖息在博斯克的鸟类多样性也达到较高水平，届时你能看到白尾鹞、褐胸反嘴鹬、橙腹拟黄鹂、黑颏北蜂鸟等鸟类。这里夏季炎热，但也安静，有很多鸟类喜欢这样的环境，其中包括数量丰富的黑颏北蜂鸟、斑翅蓝彩鹀、黑长尾霸鹟和野火鸡；如果此时来访，别忘了带驱虫剂。

如何去最好？

先到达新墨西哥州的阿尔伯克基（Albuquerque），然后乘汽车前往博斯克——车程不到两小时，理想计划是租车作为代步工具。在距离保护区20英里的索科洛（Socorro）和距离保护区10英里的小镇圣安东尼奥（San Antonio）可以找到宾馆和旅社。保护区附近还有两处宿营地和房车营地。

自日出前一小时至日落后一小时，环路每日对汽车、步行和自行车（季节性）开放。它既有保护区车道，也有砾石路段。环路起点附近有游客中心，这里提供丰富的信息，从鸟类统计数据到近期不同寻常的目击记录等。冬季时，游客中心就是一个不错的野生动物观测点，能看到岩黄鼠、刚毛棉鼠、沙漠棉尾兔，以及库氏鹰和走鹃等。提醒你，为了看到雪雁奇观一定要早起！想睡懒觉，回到家再补吧！

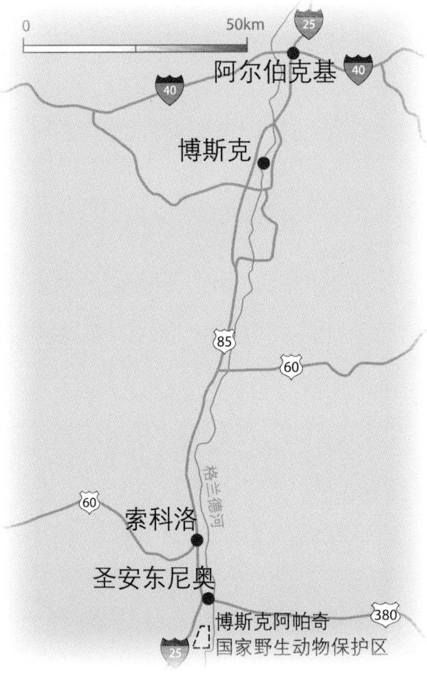

树梢上的呼喊：长鼻猴在炫耀自己与众不同的大肚腩和悬垂的大鼻子

行走婆罗洲

马来西亚：你好，北婆罗洲

你听说过这句谚语吗？“篱笆那边的草地总是更绿一些。”没有？那“这山望着那山高”总该听说过吧？是的，北婆罗洲就是“那座山”。

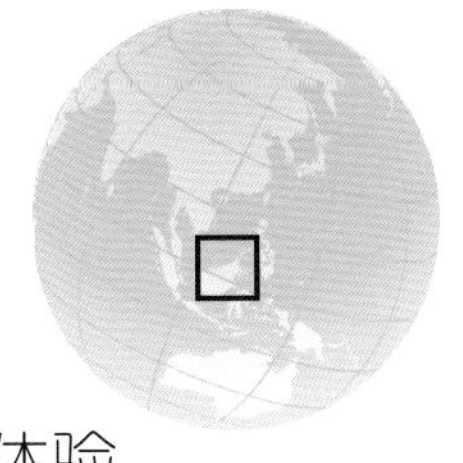

体验

The experience

体验什么？有机会在一到两周内看到大量野生动物，比多数人一生见到的都多

到哪儿去体验？婆罗洲北端

如何体验？住在舒适的山林小屋里，可乘船、乘车或徒步参观

婆罗洲（Borneo）即加里曼丹岛，分属三个不同国家：印度尼西亚（拥有加里曼丹岛大部）、文莱（全球最小国家之一）和马来西亚（拥有沙捞越和沙巴两州）。我尤其喜欢沙巴（Sabah），因为很多最容易到达且野生动物资源丰富的地区都在该州。

晶莹剔透的蓝绿色大海，一望无际的热带海滩，嶙峋的山脉和茂密的雨林——更不要说约10000种开花植物，900种蝴蝶，520种鸟类和近200种哺乳动物——你很难知道这片“流淌着牛奶和蜂蜜的土地”（译者注：源出《圣经》，原指以色列，现指任何富庶之地。）自何处启始。沙巴是真正的生物多样性热点地区，绮丽的自然美景和丰富的野生动物随处可见。

左上：大多数人一提到婆罗洲便会想到的动物：红毛猩猩

右：丹浓谷的一只眼镜猴

左下：一颗哺乳动物类的“松果”（其实是一只穿山甲）

右页：婆罗洲的侏儒象是世界上最小的象种（它是亚洲象的亚种）

不过，曾经的热带雨林被成片改造成油棕榈种植园——经济利益冲突是这颗星球上所有物种最急迫的威胁。森林被迫退却，当地的动植物也面临同样的命运。像婆罗洲这样的地方，森林的消失则意味着大量物种的灭绝。

但这里仍有许多珍稀动物，例如红毛猩猩（只能在婆罗洲和苏门答腊岛上见到这些巨大的人猿）、长鼻猴、米勒长臂猿（聆听它们响彻云端树梢的独特歌声是最精彩的婆罗洲体验之一）、苏门答腊犀牛、婆罗洲侏儒象（亚洲象的迷你变种）、马来熊、云豹、鼠鹿、小鼯鼠、马来犀鸟、制造燕窝的金丝燕等。

这里还有许多易被忽视但同样吸引人的动物：像胳膊一样长的蚯蚓、跟指甲一样大的青蛙、会跳的鱼（在沙巴的红树林沼泽里到处都能看到跳来跳去的弹涂鱼），以及世界上最大和最臭的花。

婆罗洲有许多流光溢彩的野生动物聚集地可供探访，但我还是挑出几处我最爱的地方以飨读者。

京那巴鲁国家公园

说起马来西亚最早的世界遗产保护地，美丽的京那巴鲁国家公园（Kinabalu National Park），最精华的部分非京那巴鲁山（Mount Kinabalu）莫属。京那巴鲁山主峰高13425英尺，是从喜马拉雅山到新几内亚岛（New Guinea）之间的最高山。

不过该地区同样以丰富、茂盛且难以置信的植物资源著称于世。这里有许多堪称奢华的兰花品种（最近一次统计即有1200种），世界上最大的肉食性猪笼草，还有600多种蕨类植物，而这仅是几个例子。在这些奇花异草中，大王花（Rafflesia）可被称为“皇冠上的宝石”，它拥有所有开花植物中最大的单个花朵。它的花朵鲜红并有奶白色斑点，花盘直径可达3英尺，发出恶臭——如同腐肉一般。

京那巴鲁还是鸟类天堂：这里有不少于326种鸟类，包括18种婆罗洲独有的鸟类。最具特色的鸟类包括京那巴鲁蛇雕、神山柳莺、绿鹊、红胸林鹧鸪和婆罗洲山啸鹟等。

这里的哺乳动物种类也异常丰富，包括两种当地特有的鼩鼱和几种鼯鼠。有记录的哺乳动物种类不少于133种，尽管它们中的大部分正自生自灭。还要留意那些古怪又绝妙的无脊椎动物，例如当地独有的婆罗洲巨型红蚂蟥和婆罗洲巨型蚯蚓。公园管理处周围的溪流是两栖类和爬行类动物的乐园——从京那巴鲁角蛙到神山瘰螈和京那巴鲁森林蜥蜴，晚上出来转转能看到很多。

公园内有一条林冠步道，在低矮的山

物种名录

- 红毛猩猩
- 长鼻猴
- 食蟹猕猴
- 猪尾猴
- 何氏叶猴
- 红叶猴
- 银叶猴
- 米勒长臂猿
- 懒猴
- 眼镜猴
- 巨松鼠
- 豹猫
- 亚洲小爪水獭
- 婆罗洲侏儒象
- 白臀野牛
- 须野猪
- 皱唇犬吻蝠
- 大金丝燕
- 白巢金丝燕
- 皱盔犀鸟
- 马来犀鸟
- 花冠皱盔犀鸟
- 冠斑犀鸟
- 盔犀鸟
- 京那巴鲁蛇雕
- 神山柳莺
- 巽他地鹃
- 棕胸地鹃
- 泽巨蜥
- 绿海龟
- 玳瑁
- 白顶礁鲨
- 灰礁鲨
- 路氏双髻鲨
- 豹纹鲨
- 弹涂鱼
- 大王花
- 猪笼草

……

“每天晚上会有100万只金丝燕回到洞穴中，同时有数十万只蝙蝠蜂拥而出——仿佛洞壁在旋转一样。”

坡上还有很多天然小径。你也可以攀登京那巴鲁山（要留出两天时间，并需在公园管理处雇用脚夫和导游）。

京那巴登岸河野生动物保护区

京那巴登岸河（Kinabatangan）是沙巴最长的河流。它位于沙巴州的东北部，靠近大海，此处形成一片广阔肥沃的冲击平原生态区域。它是东南亚最重要的雨林地区。

这里生活着10种不同的灵长类动物，是它们重要的聚集区。特别需要指出的是，这里是沙巴观察野生红毛猩猩的最佳地点之一。沿河寻找已结果的大树，常会有一两只红毛猩猩蹲在树上。

这里也是长鼻猴的最佳观测地之一，最好从船上看，它们会成群结队在河边的树林中觅食，规模最大的种群能有多达30只长鼻猴；如果你运气好些，甚至还能捕捉到它们潜水的镜头。食蟹猕猴和猪尾猴、婆罗洲长臂猿、银叶猴以及何氏叶猴在京那巴登岸河保护区也很常见。

在这里，婆罗洲侏儒象比在沙巴任何地方出现的频率都高，尤其是在这条河的一个著名交汇处。更为罕见的哺乳动物还有马来熊、扁头豹猫和云豹。

在保护区内，观鸟的重点是皱盔犀鸟、马来犀鸟和盔犀鸟以及濒危的巽他地鹃、棕胸地鹃和花彩拟鴷。

有必要提一下这里奇异的蛇类——它们缠绕在贴近河面的树枝上，请特别注意黄环林蛇、瓦氏蝮蛇和年轻的网纹蟒。

最好乘船游览保护区。区内有一些视野良好的观察平台和雨林木板步道。

下：拉卜湾的一只银叶猴

西必洛红毛猩猩保护区

西必洛红毛猩猩保护区（Sepilok Orangutan Sanctuary）位于山打根（Sandakan）城外卡比利－西必洛雨林保护区（Kabili-Sepilok Forest Reserve）内，这里是婆罗洲最好的红毛猩猩康复中心之一。它行使动物医院的职责，为因圈养、因猎杀成孤或因乱砍滥伐而无家可归的红毛猩猩提供生存恢复训练场地。每天两次的喂食时间，常会吸引许多已经形成习惯的个体猩猩来到森林中的平台上，现场观察很方便，但不保证一定能看到。

这里也有由导游带队徒步穿越保护区的探索活动，这给你在木板步道和林间小道上看到更多红毛猩猩的机会。它们在这里接受康复治疗并进行丛林生存技能训练。沿途你可能见到婆罗洲长臂猿、红尾猴、猪尾猴和鼯鼠（可能是何氏小飞鼠）。

哥曼东岩洞

哥曼东岩洞（Commantong Caves）位于西必洛和京那巴登岸河之间。周围的保护区是红毛猩猩、须野猪、鼠鹿和其他野生动物的家园，这处复杂的洞穴生态系统以蝙蝠和金丝燕闻名。几个世纪以来，这里因栖息着出产价值极高的燕窝的鸟儿而著称于世，时至今日，为了满足中国人对美味燕窝的需求，当地人仍在进行燕巢收割。在获得批准的条件下，每年两次（2月～4月和7月～9月），当地人借助藤梯、

完美的观察点：在丹浓谷的一条林冠步道上观鸟

左：哥曼东岩洞里聚集着上百万只金丝燕和几十万只蝙蝠

最棒的一天

在婆罗洲之旅众多激动人心的时刻中，最让我兴奋的是在拉卜湾（Labuk Bay）第一次见到长鼻猴。这种长相相当搞笑的动物是我最喜爱的灵长类动物，当然还有前面提到的山地大猩猩和红毛猩猩。谁会看到一个挺着大肚子、耷拉着大红鼻子的动物而不笑出声来呢？它还随身携带着一块天然的垫子——臀部有一块不长毛的厚皮——坐着特别舒服。雄性长鼻猴尤其让人印象深刻，因为它长着黑又亮的阴囊和鲜红的阴茎（似乎一直处在勃起状态）。让这一天的行程特别有意义的是这种动物的本身，而不是一次特殊的遭遇。

绳索和竹竿爬到高达 300 英尺的洞顶采集燕窝。有白燕和黑燕两种类型的燕窝，其中白燕的营养价值最高。

这个洞穴系统还聚集了数量巨大的蝙蝠。每天傍晚，就在 100 万只金丝燕回来过夜的同时，有数十万蝙蝠（主要是皱唇犬吻蝠和少量其他种类的蝙蝠）像股股浓烟蜂拥而出。在洞内，巨大的金丝燕群和蝙蝠群交互纷飞，仿佛洞壁在旋转。夕阳西下时，是见证奇迹的最佳时刻，同时还能观察食蝠鸢、游隼、马来渔鸮和在洞外捕猎的洞穴居民。

洞内有两条小径通往洞穴的不同区域。其中一条是更为正式的洞穴游线路，耗时约 5 小时；而第二条小径则与短途散步无异。地面上盖满了鸟粪（因此也爬满了蟑螂，还包括从无害的蜣螂到有剧毒的蜈蚣在内的各类爬虫），人们绕着内部空间修筑了一条木制步道，让行走更容易些。不要忘记戴帽子！

丹浓谷自然保护区

丹浓谷（Danum Valley）位于沙巴中部，是一处精彩的雨林保护区。它是婆罗洲保存最好的初级低地雨林之一，也是岛上首屈一指的野生动物聚集区。

这里是观察野生红毛猩猩的好去处（据估计在这块自然保护区里有 500 多头类人猿），这里还是其他 9 种灵长类动物的栖息地。婆罗洲长臂猿和红叶猴也是保护区的大明星。参加夜间散步和夜间乘车游，会有机会见到另外两种灵长类动物——眼镜猴和懒猴——以及鼯鼠，甚至豹猫。

你还有可能见到的哺乳动物有婆罗洲侏儒象、须野猪、婆罗洲红麂和鼠鹿。丹浓谷还生活着像苏门答腊犀牛、马来熊、云豹和扁头豹猫之类神出鬼没的珍稀动物——遗憾的是，当你发现它们的踪迹时，并不代表一定会见到它们，除非你运气好得无法阻挡。

丹浓谷也是犀鸟的大本营，所有 8 种

“西巴丹岛的海龟在水下似乎完全不怕人——在一次潜水或浮潜中遇到30只海龟并不稀奇。”

婆罗洲犀鸟都能在这里找到（马来犀鸟、皱盔犀鸟和花冠皱盔犀鸟尤其常见）。这里共记录有340种鸟类，包括蓝头八色鸫、婆罗洲棘毛伯劳、蛙嘴夜鹰和褐翅鸦鹃等。

一些景色秀丽的小路贯穿森林，还有一条1000英尺长、90英尺高的林冠步道。清晨是与一些神秘哺乳动物偶遇的最佳时机，而夜间的丛林漫步、汽车游和乘船巡游也可能让你收获颇丰。

西巴丹岛

西巴丹岛（Pulau Sipadan）位于西里伯斯海（Celebes Sea），与菲律宾接壤。它在一座海底死火山的顶端，是活的珊瑚岛。从外表看，一圈窄窄的白沙滩围绕起一片30英亩大的热带雨林。这是一座典型的热带岛屿——让你有唱歌跳舞的冲动——它太小了，20～30分钟就能把它转个遍，且这里没有一处的海拔超过一人高。

岛上的海洋生物几乎多到泛滥。从海滩向外延伸不足70英尺，是一堵令人震撼的岩壁，直插2000多英尺深的海底。这里是全球著名的岸潜和浮潜圣地，尽管水流非常湍急（这里的大多数潜水活动只适合有经验的潜水者）。附近还有很多极好的潜水点，乘船不到10分钟就能到达。

这里的海龟很出名：有数量庞大的绿海龟（它们在水中似乎根本不怕人），还有数量稍逊的玳瑁。这里处是海龟——在一次潜水或浮潜中遇到30只海龟并不稀奇——而且你绝对能近距离接触。

这片水域的鲨鱼也很多——每次下水肯定能见到一两种。与它们接触的最佳地点是那些水流最急的地方，例如梭鱼角（Barracuda Point）和南角（South Point）。

实际上，每次潜水或浮潜时都会遇到白顶礁鲨；清晨沐浴着第一缕阳光，来到浅水区趟水，能看到成群结队的黑鳍礁鲨鱼苗和幼鲨（如果你留意岸上，还能看到体型巨大的泽巨蜥在岸边游荡）。灰礁鲨和路氏双髻鲨也很常见，虽然它们通常都待在稍微深一些的水中。时不时还会看到其他种类的鲨鱼，包括豹纹鲨、长尾鲨和鲸鲨等。

需要留意的水下珍稀动物还有蝠鲼（魔鬼鱼）、燕魟和蓝点鳐，以及大群的狗鱼、大目鲹、梭鱼和巨蛤。另外，礁盘自身所在的水中还会有数不清的各色小鱼穿梭畅游。

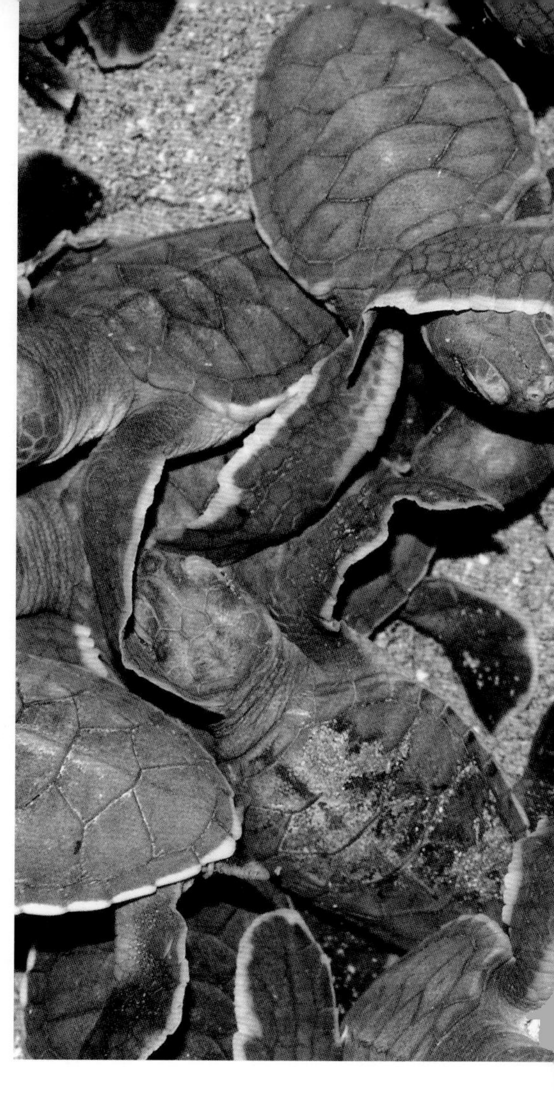

右：在海龟岛国家公园孵化出的幼龟正在等待大海的呼唤

下：每次在西巴丹岛水域潜水时，都有可能遇到一头白顶礁鲨

拉卜湾长鼻猴保护区

私营的拉卜湾长鼻猴保护区（Labuk Bay Proboscis Monkey Sanctuary）地处萨玛望村（Samawang）红树林的核心地带，建在一座油棕榈种植园内。每天在中心区有两次喂食时间，尽管它完全是人造的景区，但不得不说这是近距离观察长鼻猴并拍照的绝佳地点。

这里还有红叶猴和银叶猴，它们都已

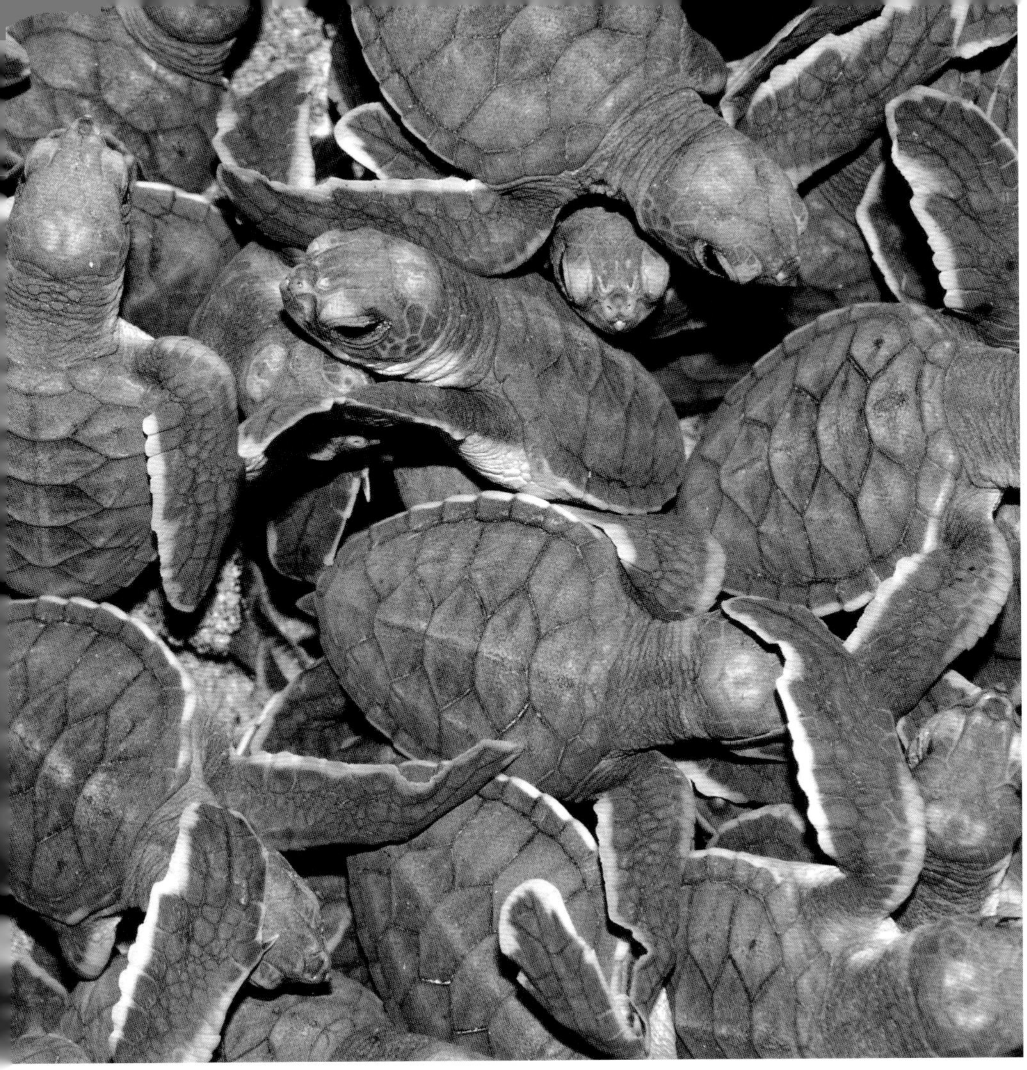

适应与人类接触。这里还是观鸟的好地方，尤其不要错过冠斑犀鸟，另外可以参加夜游项目，去寻找鼯鼠、萤火虫和其他千奇百怪的野生动物。

海龟岛国家公园

海龟岛国家公园（Turtle Island National Park）位于沙巴州东北部海岸线外侧的苏禄海（Suly Sea），它由西灵岸（Selingnan）、巴昆岸格吉（Bakungan Kecil）和古里珊（Gulisan）三座美丽的小岛组成。我们要到这里看绿海龟、玳瑁和它们的窝。

你要在最大的西灵岸岛上住一晚，可以跟着动物保护人员参加巡逻。看他们检查雌海龟前来产蛋的沙滩，并收集有价值的海龟蛋送到公园管理处附近的安全孵化基地。

在孵化场的沙滩上能看到成排的人造龟窝。每个窝都有标签，标注着日期和窝内蛋的数量，外面有一圈水桶大小的塑料保护网。

你还可能看到刚出壳的小海龟回归大海的感人场面。在回归大海前，它们要准备一下，找准方向，争先恐后地冲向海浪中并游走，这仿佛是它们一生中最重要的使命。见证这一场景是真正的荣幸，是真正奇妙的经历。

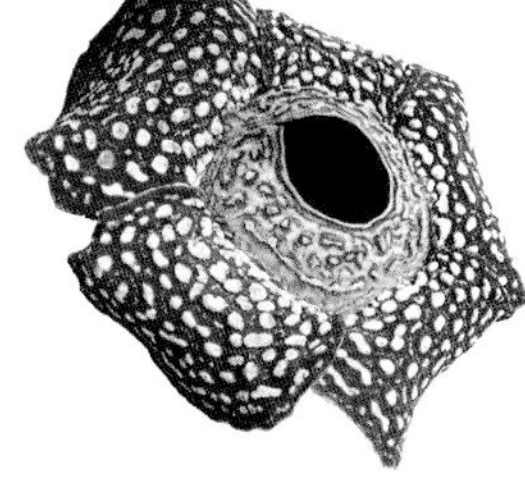

你要知道的

何时去最好？

旱季是5月至10月，当然天气并不总是干燥的。雨季是11月至4月（11月至1月通常是最多雨的季节），当然也不是天天下雨。至于何时去最好并不确定，取决于你想看什么、想去哪里，但该地区全年都有观察野生动物的机会。海龟全年都会到沙滩上产蛋，但在旱季时规模最大，特别是在6月达到顶峰。

在西巴丹岛上，最好的潜水季节是7月到9月的东北季风期间，这段时间也是这里最热闹的阶段。观察路氏双髻鲨、蝠鲼和鲸鲨最好的季节是11月末至1月（恰好是能见度最差和气温最低的那段时间）。

如何去最好？

先飞到吉隆坡再转飞沙巴州的各城市，或先飞到新加坡再转飞沙巴州首府亚庇市（Kota Kinabalu）。在亚庇，雇车很容易，另外有航班和空调大巴连接州内各主要城市。通过内河航运能到达更偏远的地区。

在沙巴州内（包括很多最好的野生动物活动区域）能选择提供膳宿的各等级宾馆、丛林旅社、小木屋、长屋和山林小屋。一些位于河流沿岸或热带雨林中的野生动物热点地区的接待设施有自己的观察平台、小径和木板步道。

其中几个最好的旅社包括：位于京那巴鲁国家公园的苏泰拉保护区旅馆（Sutera Sanctuary Lodge），是公园内唯一的接待设施，但在保护区外有大量可供选择的宾馆、旅馆和小木屋；位于京那巴登岸河保护区的苏高河旅馆（Sukau River Lodge）、京那巴登岸河自然旅馆（Nature Lodge Kinabatangan）、京那巴登岸河河畔旅馆（Kinabatangan Riverside Lodge）和苏高雨林旅馆（Sukau Rainforest Lodge）；位于西必洛红毛猩猩保护区的西必洛天然度假村（Sepilok Nature Resort）和西必洛丛林度假村（Sepilok Jungle Resort）；位于拉卜湾的尼帕旅馆（Nipah Lodge）；位于丹浓谷的婆罗洲雨林旅馆（Borneo Rainforest Lodge）或丹浓谷运动中心（Danum Valley Field Centre）。在海龟岛保护区的西灵岸岛公园管理处旁有简易的游客接待设施。

任何人不得在西巴丹岛保护区过夜。不过，在临近的马布岛（Mabul Island）和卡帕莱岛（Kapalai Island）上或者在稍远些的马达京岛（Mataking）及仙本那（Semporna）的小海港旁都有酒店和度假村。

加利福尼亚之梦：享用丰盛的午餐之后，一头蒙特雷海獭抱着胳膊准备小憩

与海獭共进午餐

加利福尼亚：蒙特雷

野生动物和钢筋水泥本是水火不容——但我在这座令人愉快的加州海滨城市里进行的一周野生动物观察却充满了温馨。

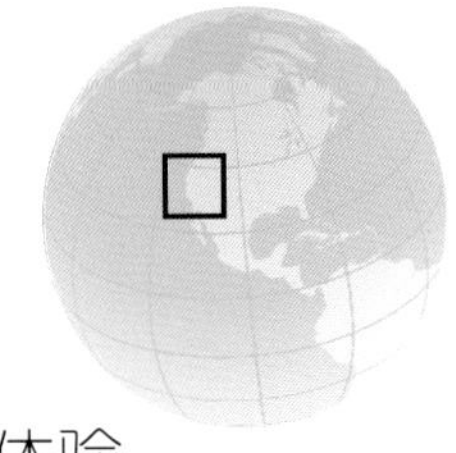

体验
The experience

体验什么？一边在海边餐馆享受惬意的午餐，一边观察海獭和加州海滨的其他野生动物

到哪儿去体验？旧金山以南100英里的蒙特雷市

如何体验？订一个靠窗的餐位

我曾在各地城市里花了大量时间观察自然：在加拿大北部港城丘吉尔（Churchill）的旅馆里观察北极熊；在开普敦喧嚣的维多利亚阿尔弗雷德码头广场（Victoria & Alfred Waterfront）观察南露脊鲸；在直布罗陀的一间酒吧里看到数千只迁徙的候鸟。我永远忘不了面对可怕的交通状况辗转几小时，赶到巴基斯坦卡拉奇市郊一处世界最大的海龟筑巢海滩。我在印度阿萨姆邦繁华的古瓦哈蒂市（Guwahadi）度过了快乐的一天，在布拉马普特拉河观察到了恒河豚。

但我最爱的观察野生动物的城市是在中加利福尼亚的蒙特雷（Monterey）。也许它没有冰潜、野外宿营或山间徒步那么激动人心，但它自有其独特的回报。而且，太轻松了！

最棒的一天

我永远忘不了第一次到蒙特雷的情景，那是一段长期且开心的友谊的开始（希望你也能与一个地方建立友情）。我驱车从旧金山出发，中途在阿诺努耶佛（Año Nuevo）逗留，与象海豹度过了一个愉快的上午，并及时赶到蒙特雷的渔人码头吃午饭（以后又去了好多次）。我记得透过餐馆的窗户看到了不下7只海獭。接着在下午参加了一个观鲸团，看到了6种鲸类动物，其中包括一头蓝鲸和一大群北鲸豚。我原本计划当晚赶到圣克鲁兹（Santa Cruz），但还是给自己找借口留在了蒙特雷。

在海港中部，有一座高高的木制高脚码头叫“渔人码头”（Fisherman's Wharf），你只须在众多餐馆中选一家，要一个可以俯瞰大海的靠窗餐位即可。实际上，所谓“渔人码头”不过是吸引游客的噱头罢了，但你能在一两个小时内，在可口的凯撒沙拉和蛤蜊浓汤间，看到很多野生动物，比在很多著名的国家公园里经过艰难跋涉后看到的还要多。

褐鹈鹕十分好奇地盯着窗户里面，码头周围还生活着各种海鸟、水禽和涉禽，斑海豹在岩石上昏昏欲睡，甚至还有濒危的北象海豹靠过来让我看个满眼。

不得不说，偶尔会有些嘈杂——“罪魁祸首”是聚集在码头下的加州海狮，它们不停地吠叫。有时，它们精力过于旺盛，在那里喋喋不休地争吵，如果你离它们太近，只能大声喊才行。但它们如此有魅力，又如此具有娱乐观赏性，因此它们从来不缺乏仰慕的观众。跟着一群叽叽喳喳的游客走在木板路上，兴奋地朝海里张望，殊不知这将引来一群叽叽喳喳的加州海狮兴奋地看过来。

最让人高兴的是，海獭也在菜单上。当然不是“中等珍稀程度的海獭配一道沙拉”，而是它们根本就是蒙特雷餐馆里的一道菜，就像在英国布莱克浦（Blackpool）外出就餐时点一份薯条一样。事实上，渔人码头是世界上观察这些更为低调、安静的海洋哺乳动物的最佳地点之一。

渔人码头曾是一个大渔港，在这里上岸的主要是沙丁鱼。在20世纪上半段，沙丁鱼罐装业是蒙特雷的支柱产业；在20世纪40年代，这里是西半球的沙丁鱼之都。就是那些小鱼让蒙特雷至少在10年的时间里赚得钵满盆丰。但沙丁鱼很快便消失了——部分原因是过度捕捞，也有太平洋每30～40年一次轮回的丰年歉年的自然因素。后来，沙丁鱼又卷土重来，这也是其他以此为食的鱼类和海洋哺乳动物的特大好消息。

物种名录

- 南方海獭
- 加州海狮
- 斑海豹
- 北象海豹
- 蓝鲸
- 座头鲸
- 灰鲸
- 逆戟鲸
- 海豚（若干种）
- 加州兀鹫
- 帝王蝶

……以及很多季节性出现的动物

毫不夸张地说，蒙特雷湾是世界上最富饶、最具生物多样性的海洋生态环境。沙滩、满潮池、沙丘，还有海藻林，各种形态丰富多彩，它的“镇宅之宝”是巨大的海底峡谷，规模堪比科罗拉多大峡谷。蒙特雷海底峡谷（Monterey Submarine Canyon）起自蒙特雷以北20英里处的莫斯兰丁（Moss Landing）近海并向深海绵延90英里，水深超过2英里。

蒙特雷湾营养丰富的水体对不少于26种有记录的鲸和海豚构成极度诱惑。尽管

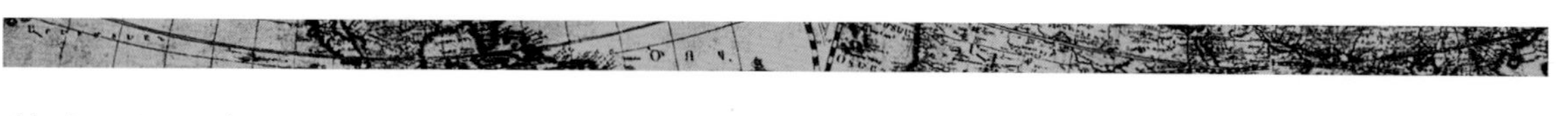

“餐馆的窗外，海獭们‘人头涌动’，都忙着吃食，哪顾得上人类的食客正在盯着它们的一举一动呢？”

谁与争锋：高度智慧的海獭与加州海狮竞相吸引渔人码头上食客的目光

你在蒙特雷不会轻易看到它们，但全年都有进入湾区的游船。

你还可以参加环港游，海獭是当之无愧的明星演员。加利福尼亚有大约 2700 只海獭，大部分生活在阿诺努耶佛和康塞泼申角（Point Conception）之间的沿海地带；在圣巴巴拉近海的圣尼古拉斯岛（San Nicolas Island）附近也有一个小型海獭群落。它们都是 1938 年在大苏尔（Big Sur）附近发现的大约 50 只（经过两个世纪获取毛皮的商业捕杀后）幸存者的后代。

餐馆的窗外，海獭们"人头涌动"，都忙着吃食，哪顾得上人类的食客正盯着它们的一举一动呢？海獭是少数几种会使用工具的动物之一，它们能用岩石砸开带硬壳的食物。它们从海底捡拾贝类和甲壳类生物并带回水面，之后仰面躺好，以胸部当餐桌，砸碎食物的硬壳，吃里面的嫩肉。

它们吃饱后会双臂交叉放在胸前，闭上眼睛，来一次午后小憩。如果给它们一双拖鞋和一台电视，简直就是人类生活的场景。

你要知道的

何时去最好？

在蒙特雷，你常年可以看到海獭；大多数海獭幼崽都在 1 月至 3 月初出生。加州海狮和斑海豹也常年可见。北象海豹更常见于夏季和秋季；在阿诺努耶佛，北象海豹繁殖高峰期在 12 月 15 日至 1 月 31 日，但较小规模的繁殖过程也是全年可见。10 月中旬至 2 月末，帝王蝶会在太平洋丛林市（Pacific Grove）聚集。

观察鲸类动物也要依季节而定。多尔鼠海豚、港湾鼠海豚、真海豚、太平洋短吻海豚、瑞氏海豚和宽吻海豚常年可见。最好在 9 月和 10 月间前来看北鲸豚。逆戟鲸会在 4 月和 5 月进入湾区捕猎灰鲸，但实际上也是全年可见。5 月末至 11 月初是观察蓝鲸和座头鲸的好时候（说得详细些，座头鲸通常最早在 4 月出现，而蓝鲸观察以 7 月末至 8 月最佳）；长须鲸和小须鲸在这一时段活动最频繁。灰鲸在向南迁徙的时候最靠近海岸线（12 月中旬至 4 月中旬）。

如何去最好？

这个行程很简单——只须先到蒙特雷，然后在渔人码头上观赏便可——或者选一份午餐套餐，坐在餐桌旁一边享受美食一边观察海獭。

当地还有几处野生动物热点地区。每年冬天，数量巨大的帝王蝶会聚集到太平洋丛林市的树上，该市在蒙特雷的南面，距离只有几英里。最佳赏蝶地位于里奇路（Ridge Road）上的帝王蝶树林保护区（Monarch Grove Butterfly Sanctuary）。

蒙特雷北面 60 英里处的阿诺努耶佛州立公园（Año Nuevo State Park）也是值得一游的景点。这里是全球最大的北象海豹大陆繁殖地，也是最靠南的北海狮（尽管很难见到它们）繁殖地，另外这里还是珍稀的旧金山束带蛇和红尾鹰的家园。

另外，在萨利纳斯河国家野生动物保护区（Salinas River National Wildlife Refuge）有濒危的环颈鸻在海滩上筑巢；在麋鹿角河湾（Elkhorn Slough）可以见到数量巨大的鸟类、圣克鲁斯长趾蝾螈和大量的海獭；甚至能再次看到加州兀鹫在大苏尔上空翱翔。

大猫的胡须——摸不得：潘塔纳尔可能是全球近距离观察美洲虎的首选之地

寻踪美洲虎

巴西：潘塔纳尔湿地

虽然亚马孙河吸引了太多人的目光，但你可以在潘塔纳尔见到更多的野生动物，这里是一片巨大的湿地，就好像一座广袤无边的动物园。

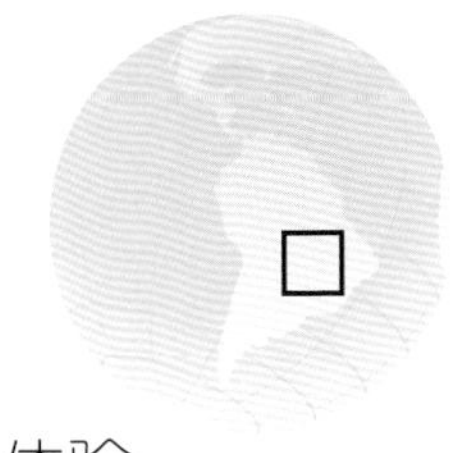

体验
The experience

体验什么？南美洲保守得最好的秘密

到哪儿去体验？亚马孙河以南，安第斯山脉以东的湿地仙境

如何体验？住在舒适的旅馆里，乘坐四驱越野车、乘船、骑马或徒步探索奇妙的动物世界

潘塔纳尔（Pantanal）是这颗星球上最大的连续性湿地，这里绝对塞满了野生动物。这块神圣的土地有四分之三在巴西，分属马托格罗索州和南马托格罗索州；另外的四分之一在玻利维亚和巴拉圭。潘塔纳尔占地 77250 平方英里，比博茨瓦纳的奥卡万戈三角洲大很多倍，与英格兰和威尔士合在一起的面积大致相当。

这里是南美湿地的中心地带，河流、湖泊、池塘、沼泽、岛屿、森林、矮树和植被茂盛的热带稀树草原（当地人叫“塞拉多”）星罗棋布，就像一块没有边际的镶嵌画，也可以说像一块巨大的海绵。到了雨季，巴拉圭河、库亚巴河和其他几条河流漫过河岸，潘塔纳尔的大部分区域都被淹没——之后到了旱季，大部分水面逐

左上：潘塔纳尔号称拥有650种鸟类，其中包括这种栗耳簇舌巨嘴鸟

左下：水豚是世界上最大的啮齿动物

右：人们在约夫雷港附近频繁发现美洲虎的踪迹

渐退去。这种年复一年的水起水落便是潘塔纳尔生命的脉动。

被称为“南美的狂野西部”的潘塔纳尔简直就是观察拍摄野生动物的天堂，主要有四个原因：物种的极端多样性，其中许多物种种群数量惊人；这里有许多濒危物种（从美洲虎到大水獭——都来自潘塔纳尔这片非凡的土地）；可以相对轻易地找到野生动物（实际上你可以看到大多数本地物种——本书的清单只是很小的一部分内容）。

不少于80种大型哺乳动物（还有大量蝙蝠和小型啮齿动物），650种鸟类，80种爬行类动物，至少50种两栖动物和超过300种鱼类，它们会让你目不暇接。

对大多数游客而言，高居物种名录前列的当推南美洲顶级捕食者——美洲虎。潘塔纳尔可能是全球近距离观察这种美洲最大猫科动物的首选之地。

这里生物亚种的规模是中美洲生物个体的两倍，且并非神秘莫测。特别的是，在约夫雷港（Porto Jofre）东面的库亚巴河（Cuiabá River）流域，旱季时，几乎每天都能见到美洲虎的踪影。它们大部分时间都躲在森林里和茂盛的草丛中，当然，它们似乎也喜爱阳光、微风和在河岸上捕猎的机会，一旦找到一处自己中意的地方，它们会惹眼地坐或躺在那里，一待就是几小时。

它们通常都离群索居，不过，如果你够幸运，你会遇到虎妈妈带着幼虎出现。你可以乘上小船，慢慢地一边前进一边仔细搜寻河岸。美洲虎是游泳好手，所以你可能会碰巧看到它们从河岸的一端迅速地游到另一端。

另一个必看物种是大水獭，潘塔纳尔的北部区域是遇到这种濒危物种的好地方。它们喜欢选择水流慢、河坡舒缓且密布植被的河道，潘塔纳尔公路（Transpantaneira Highway）沿线有许多这样的地方。一些大水獭家族似乎不受人类游客的打扰，反而令人惊奇地靠近游船。它们是完美的演员，表演时非常热闹，乱作一团，不停地“交头接耳”。

潘塔纳尔最常见的哺乳动物是世界上最大的啮齿动物水豚。事实上，“最常见”可以改为“一直可以见到”。你的视线无法避开这种长相怪异、举止有趣的动物——像水桶一样圆滚滚的身体，趾间有蹼。它们无处不在——甚至在旅馆的花园里，它们就在早餐桌边旁若无人地游荡。

这里还有5种灵长类动物。最大的一种叫黑吼猴，清晨，成年雄性黑吼猴的吼叫可以当起床闹铃用（有点儿类似《布莱尔女巫》（The Blair Witch Project）中的场景）。

锁定！潘塔纳尔美洲虎的体形是中美洲亚种的两倍

物种名录

- 美洲虎
- 虎猫
- 食蟹狐
- 大水獭
- 长尾水獭
- 南美长鼻浣熊
- 食蟹浣熊
- 黑吼猴
- 黑纹卷尾猴
- 伶猴
- 黑尾狨猴
- 阿氏夜猴
- 大食蚁兽
- 小食蚁兽
- 巴西貘
- 领西猯
- 白唇西猯
- 水豚
- 南美泽鹿
- 南美草原鹿
- 南美红墨西哥鹿
- 南美褐墨西哥鹿
- 裸颈鹳
- 大林鸱
- 普通林鸱
- 大角鸮
- 风信子金刚鹦鹉
- 巨嘴鸟
- 栗耳簇舌巨嘴鸟
- 美洲鸵鸟
- 粉红琵鹭
- 灰颈林秧鸡
- 巴拉圭凯门鳄
- 绿鬣蜥
- 黄森蚺
- 绿森蚺

……

“至少有 1000 万条鳄鱼生活在潘塔纳尔——这里大概是全球最大的鳄鱼聚集地。”

右上：一只小食蚁兽冒险踏上潘塔纳尔公路上的一座摇摇晃晃的木桥

下：一只大黑鹰监视着自己的领地

塞拉多（热带稀树草原）较为干燥的地区最有可能见到大食蚁兽，挺着它们最独特的长鼻子，拖着蓬松杂乱的大尾巴。但如果你看到一只食蚁兽爬上了树，将是另一番熟悉的场景，那是小食蚁兽。很多其他哺乳动物也很常见，当然，它们中的大部分是不愿被人类看到的。比如说，如果有人瞥见了一只薮犬、高地狐、虎猫、小斑虎猫、潘塔纳尔猫、美洲山猫或美洲狮，真是非常幸运了。

鸟类也是观赏的重点。潘塔纳尔发现了约 650 种鸟类，许多鸟种的数量都相当引人注目。其中以苍鹭、白鹭、朱鹭和篦鹭最为常见，就算一小时看到数千只鸟，也不足为奇。尤其在 7 月中旬至 8 月中旬，会有数量惊人的涉禽聚集在潘塔纳尔公路较老的几座桥梁周围。该地区是裸颈鹳最重要的繁殖地之一。这种巨大（甚至还有些聒噪）的鹳鸟的翼展超过 8 英尺，是潘塔纳尔当之无愧的空中巨无霸。

其他一些本地物种还有美洲鸵鸟、红腿叫鹤、几种形似火鸡的冠雉、大林鸱和普通林鸱、热带角鸮、大角鸮、巨嘴鸟和非常漂亮的栗耳簇舌巨嘴鸟。这里也是猛禽的集中营，有几十个鸟种，包括食螺鸢、白尾鸢、珠鸢和南美灰鸢，还有长翅鹞、鹗、雕、黑领鹰、带尾鹰、笑隼和黄头叫鹰等。

同样奇妙的还有鹦鹉，这里生活着在世界范围内尚存的、数量可观的风信子金刚鹦鹉（世界上最大的鹦鹉）。你甚至还会在许多旅馆的花园里看到蜂鸟——这其中有黄腹隐蜂鸟、金红嘴蜂鸟和辉腹翠蜂鸟。

巴拉圭凯门鳄是非常常见的爬行动物。它是体型最小的鳄目动物（尽管一些较大的个体可能长达 10 英尺），但体型上的渺小用庞大的数量来弥补。虽然估计值差异很大，但至少有 1000 万只巴拉圭凯门鳄生活在潘塔纳尔，有时你会看到，它们一个挨一个地趴在河岸或湖岸的每个角落。据说这里是世界上最大的鳄鱼聚集地。

蛇也是这里的“大户”，非同寻常的是，这里有黄和绿两种蟒蛇。绿森蚺体长达 20 英尺，身围达 3 英尺，是世界上体型最大的蛇类之一。

我最了解也最喜欢的是马托格罗索州（潘塔纳尔北部），尤其是波科恩（Poconé）与南至库亚巴河畔的约夫雷港两座小城之间的潘塔纳尔公路的沿线。在这里，你将领略潘塔纳尔最丰富的野生动物宝库。

森林之王：美洲虎通常都离群索居，但人们有时也能看到虎妈妈和幼虎一同出现

右上：潘塔纳尔大约生活着 1000 万只凯门鳄

右下：潘塔纳尔公路的交通堵塞很可能是动物穿行公路造成的

唯一算得上例外的是夜间出来活动的鬃狼，它像一只长着耳朵、踩着高跷的狐狸，在南马托格罗索州的旱季比较容易见到。有两个地方值得一提：嘎拉瑟国家公园（Caraça National Park），这里的嘎拉瑟学院招待所（Hospedaria do Colégio Caraça guesthouse，前身是一所修道院）会把食物放在小礼堂的台阶上，供主要在晚上出来活动的鬃狼食用；还有一处叫圣弗朗

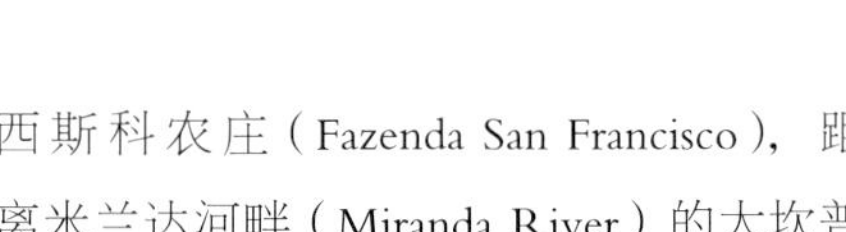

西斯科农庄（Fazenda San Francisco），距离米兰达河畔（Miranda River）的大坎普（Campo Grande）150 英里。

潘塔纳尔公路穿过潘塔纳尔北部地区的中心地带。这是唯一深入潘塔纳尔湿地的公路（除此之外只能依靠船或小飞机），它是由 120 多座（大部分都是摇摇晃晃的）木桥串起来的，这些桥提供了一些世界上最美的路边野生动物观察点。旱季，公路两侧的湖泊和池塘对鸟类、水豚和凯门鳄充满了吸引力；在这条路上，我见到了丰富多样的动物，从南美长鼻浣熊和南美泽鹿到小食蚁兽，甚至还看到一只美洲虎穿过公路。公路上冷冷清清，因此动物们把它当成自己的地盘，连桥下都成了蝙蝠的聚居地。

以下是潘塔纳尔公路沿线我最满意的一些旅馆（由北向南）：

毕游宛宾馆

毕游宛宾馆（Pousada Piuval）距库亚巴约 65 英里，在潘塔纳尔公路以东 2 英里处，它是这条公路上的第一间旅馆，周围有草场、林地、湖泊和池塘，是野生动物的天堂。这里是观鸟的绝佳地点，有很多机会见到从美洲鸵鸟和裸面凤冠雉到蚁鹀和马托格罗索蚁鸟等各种鸟类。在这里你可以好好观察一番风信子金刚鹦鹉，它们的巢就筑在宾馆的房子上。周围还生活着大量水鸟供你慢慢欣赏。

这里特别适合夜间行车观察哺乳动物。你有较大机会见到大食蚁兽和小食蚁兽，或许还能看到美洲狮。这里也是阿氏夜猴的最佳观测地之一。

阿拉拉斯生态旅馆

在阿拉拉斯生态旅馆（Pousada Araras

最棒的一天

我永远忘不了那个夜晚，我躺在库亚巴河边自己的帐篷里，合上眼聆听天籁之音。有大林鸱捕猎的战歌，有大角鸮对恋人的痴语，有来自青蛙的各种的鼓噪，还有似口哨、似鸣叫、似嗥叫以及窸窣作响的刺耳杂音。突然，河边传来巨大的水花飞溅声和一阵混乱的声响，紧接着，有什么东西被打碎了，还有“咔嚓咔嚓”的声音，正在被往丛林里拖。我下了床，悄悄拉开帐篷拉链，借助微弱的手电光，在夜色中看到，就在我的面前，一只美洲虎死死地看护着一条被刚刚杀死的凯门鳄。我最终睡去，伴我入眠的是强有力的嚼碎骨头的声音。

“我上次在约夫雷港时，一只美洲虎突然出现在宾馆对面的河岸上。”

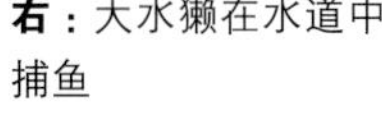
右：大水獭在水道中捕鱼

下：大部分偶遇美洲虎的地点在库亚巴河、三兄弟河（Three Brothers）和皮基里河（Piquiri）的交汇处

Ecolodge）同样能看到各种各样的野生动物，在早餐游廊上就能看到风信子金刚鹦鹉和大角鸮，还能看到水豚在花园里旁若无人地闲逛。

旅馆里有一条木制高步道，可以很方便地观察巴西貘、黑尾狨猴、南美刺豚鼠和虎猫。这里还有一座高塔，一群黑吼猴蹲坐在上，成了独特的景观，让你有机会近距离观察它们。沿着小道漫步还能看到很多野生动物，包括南美长鼻浣熊、九带犰狳和黑纹卷尾猴。

大食蚁兽和小食蚁兽生活在更广阔的区域里。夜间行车通常会遇到墨西哥鹿和食蟹浣熊，而乘船游览克拉鲁河（Clarinho）时则适合观察大水獭和长尾水獭。

索斯怀尔德潘塔纳尔旅馆

索斯怀尔德潘塔纳尔旅馆（South Wild Pantanal Lodge）的前身叫潘塔纳尔野生动物中心——特蕾莎圣诞老人庄园，是观察大水獭（它们常在花园下面的河道中穿过）的理想之地。从 6 月中旬到 12 月中旬，每天都能近距离看到它们。其中一群就生活在旅馆附近，它们会围着游船嬉戏，跟游客近在咫尺。

正常来讲，巴西貘都神出鬼没，不过这里是观察它们的最佳地点之一。离旅馆主体建筑不远有一座木制观察平台，步行只需几分钟，目击记录非常丰富。这家旅馆还有数座特殊的观察塔，可以看到各种野生动物。其中一座高 100 英尺，用来观察黑吼猴；而另有一座塔则可以俯瞰树梢上的裸颈鹳巢。沿着小径漫步，还有可能见到黑纹卷尾猴、黑尾狨猴和南美长鼻浣熊。

花园非常适合观察野生动物并拍照，这里活跃着蜂鸟、温顺的黑领鹰、裸颈鹳、栗耳簇舌巨嘴鸟、好几个品种的翠鸟和其他鸟类。

水豚会围着你的早餐桌转悠，到了晚上还会有食蟹狐来访。乘坐敞篷车或小卡车是极好的夜间观光方式，你能看到夜间活动的野生动物，比如虎猫、食蟹浣熊、小食蚁兽，若是机缘巧合的话，还能见到——美洲虎。

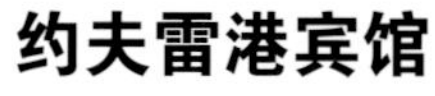
约夫雷港宾馆

约夫雷港宾馆（Hotel Porto Jofre）位于潘塔纳尔公路末端，建在库亚巴河岸边，在美洲虎所有活动区域中，这里是最佳观赏地。

大多数目击记录都在库亚巴河、三兄

弟河和皮基里河的交汇处，乘船约需一小时。我上次在约夫雷港时，一只美洲虎突然出现在宾馆对面的河岸上。

但这里并非只有美洲虎。乘船进入美洲虎的领地时经常会遇到大水獭、长尾水獭、巴西貘、虎猫和各种鸟类。宾馆的后面有一个潟湖，长满睡莲，也成为朱鹭、鹳科、叫鸭科和其他鸟类的乐园。花园里栖息着风信子金刚鹦鹉和巨嘴鸟，以及褐胸苇鳽鹈、栗腹冠雉之类的本地鸟种。

潘塔纳尔美洲虎宿营地

潘塔纳尔美洲虎宿营地（Pantanal Jaguar Camp）也位于约夫雷港和潘塔纳尔公路的末端，是一座简单、舒适（经常有些吵闹）的帐篷营地，建在库亚巴河的一处河岸上。

这里的野生动物与距其最近的约夫雷港宾馆周围栖息的野生动物大致相同。如果你能待一个星期（特别是在6月中旬到10月），见到美洲虎的概率会非常高。

你要知道的

何时去最好?

前往潘塔纳尔湿地的最佳时间是旱季，通常从4月末持续到11月初，此时动物们聚集到萎缩的水面周边活动。7月和8月是最繁忙的月份。雨季通常从11月中旬持续到4月初（水位峰值大约出现在2月），虽然有些不便，但这个时间段出行也颇为有趣。大部分野生动物都聚集在由高地形成的片片岛屿上，但茂盛的植被令观察前所未有的艰难。在11月、12月和1月，气温可能高得让人无法忍受，毫无疑问也是蚊虫逞凶之时。

如何去最好?

先飞到巴西利亚、圣保罗或里约热内卢，再转飞马托格罗索州首府库亚巴，库亚巴是通往潘塔纳尔北部的门户。向南驱车约60英里到达波科恩，由此转入潘塔纳尔公路。这条90英里长的双车道土路会把你带到潘塔纳尔的心脏地带。它高过周围的乡野，因此理论上是全年通行的（当然雨季时，四驱越野车是标配）。过桥时一定要万分小心，桥年久失修会出现各种状况（许多桥的桥板都缺了不少）。你可以在机场租车，库亚巴的众多旅馆也提供从库亚巴出发的交通服务。

在潘塔纳尔公路沿线有十几家不同等级的旅馆和宾馆，提供膳宿、旅游和当地导游服务。有乘船、四驱越野车和马背巡游等游览项目，也有机会徒步旅行（虽然有美洲虎和凯门鳄出没，但大部分地区还是相当安全的——不过要小心成群出现的白唇西猯）。旅馆本身就是出色的野生动物观察点：许多旅馆花园里栖息的野生动物种类比世界上某些保护区都多。由于潘塔纳尔公路穿过了一系列不同的栖息地，每间旅馆都有与众不同的动物群落，所以选择间隔一段距离的几家旅馆入住便能看到最多种类的野生动物。

水面之翼：查塔姆群岛栖息着种类异常繁多的鸟类，包括这种新西兰信天翁

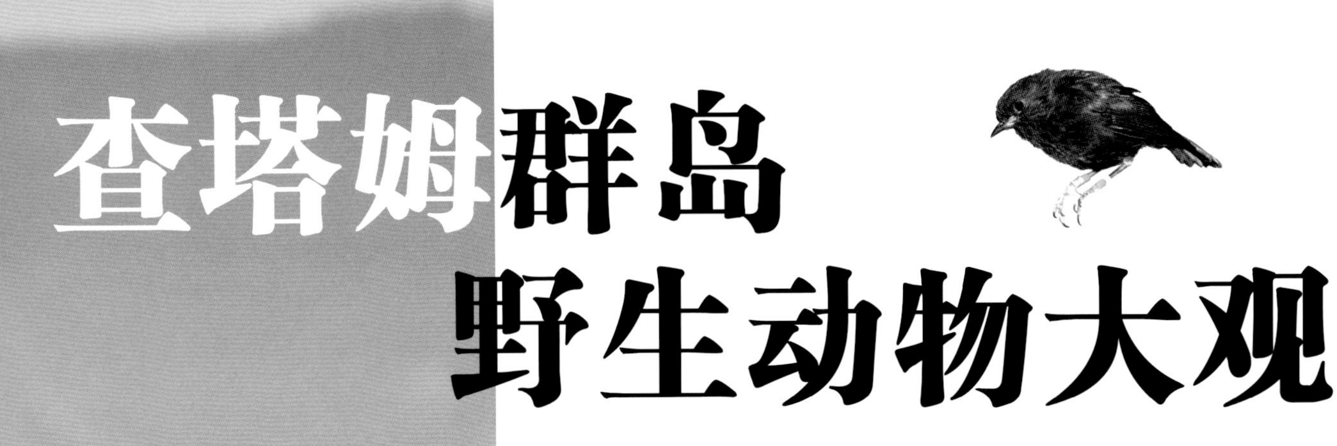

查塔姆群岛野生动物大观

新西兰：查塔姆群岛

尽管查塔姆群岛与其他非同寻常的群岛存在激烈的竞争，但它自有其特殊的吸引力。

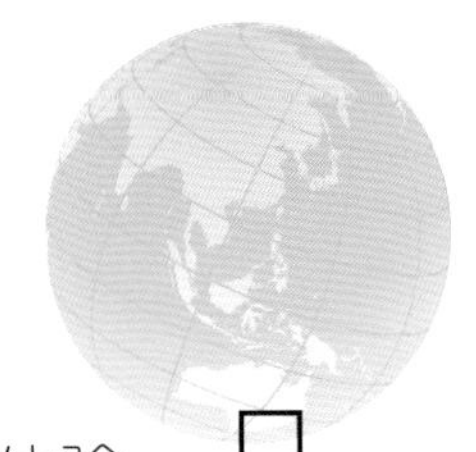

体验
The experience

体验什么？ 与地方鸟类和濒危鸟类及包括毛皮海豹、大白鲨等各种动物亲密接触

到哪儿去体验？ 南太平洋上的偏远群岛，位于新西兰以东 500 英里

如何体验？ 从新西兰飞到那里，住在小旅馆里，接受当地“主人”的照顾

我去查塔姆群岛（Chatham Islands）的次数比本书介绍的其他地方都少——只有一次，事实上就是拍摄影片《再看一眼》（Last Chance to See）那次。但到本书出版时，这次旅程却依然难以忘怀。我将很快再次拜访这里。

查塔姆群岛不大，在新西兰克赖斯特彻奇（Christchurch）以东 500 英里的大洋上。它在世界地图上只是一个小黑点而已，岛上 600 位居民是欧洲人、毛利人和波利尼西亚人通婚的后代。有两座岛屿有人居住——查塔姆岛（迄今为止是最大的岛屿）和皮特岛（Pitt Island）——它们周围有 8 座较小的岛屿和无数的小岛礁和海蚀柱，分布在半径大约 25 英里的洋面上。

查塔姆群岛位于国际日期变更线上。皮特岛（人口：35 人）比世界上任何有人

最棒的一天

我们搭顺路的捕龙虾船前往东南岛（South East Island），沿途看到了宽吻海豚、新西兰信天翁、皇家信天翁、灰鹱和新西兰红嘴鸥。我们在一片礁石嶙峋的海滩登陆，踮着脚尖迈过几只毛皮海豹和两只本地的滨鸻，穿过一片浓密的灌木，走进遮荫的林地。几乎同时，一只小鸟出现在眼前的小树枝上。这是一只查岛鸲鹟，曾是这个星球最濒危的动物。我跑遍了地球的另一端就为了这一刻——这就是令我大半生魂牵梦绕的那只鸟。

居住的岛屿都要靠东。这意味着皮特岛的居民是最早看到日出的人。一个今天离开皮特岛的渔民向东航行几英里，你说他是生活在今天还是昨天呢？真是非常令人困惑。

这是一个和睦的地方，有着世外桃源般的祥和与宁静。人们相互挥手致意，张开臂膀迎接远方的宾客。这里的地貌崎岖不平，有大量火山峰，有雄伟的悬崖绝壁、泥潭沼泽，有沙滩、岩质海岸，还有被风吹歪的林木。

查塔姆以丰富的本地鸟种闻名（尽管这里还有很多本地特有的无脊椎动物、鱼类和植物）。不需要外部干预，仅靠进化也能设计出新的物种，所以在这座小小的伊甸园里，每四种鸟类（还有更多的亚种）中便有一种是本地独有的。在宾馆附近沙滩上活动的查岛蛎鹬，在柏油碎石路旁觅食的查岛吸蜜鸟，在码头上游荡的查岛鸬鹚和皮岛鸬鹚都是本地物种或亚种。

遗憾的是，它们中的许多鸟种都已处于濒危状态。当人类踏上这些小岛（800 ~ 1000 年前，波利尼西亚人先来到这里，200 多年前欧洲人也登临此地）时，他们带来了猫、狗、老鼠、负鼠，和其他外来哺乳动物，给本地物种带来浩劫。曾经在查塔姆群岛上繁衍生息的 64 个物种，有多达三分之一的已经灭绝，包括一种企鹅、一种天鹅、一种鸭科动物以及数种不能飞的普通秧鸡。许多物种种群数量已骤然降至相当危险的程度。不过动物保护计划正在逐步将外来哺乳动物从重点点位清出，并相当成功。

查塔姆群岛是在国际上占有重要地位的远洋海鸟繁殖地，许多鸟类将这里作为主要或唯一繁殖地。一些鸟类（例如北方皇家信天翁）的繁殖数量相当大，但其他鸟类却已进入危险名单。红圆尾鹱是全球最珍稀的海鸟之一，曾被认为已经灭绝，目前只在查塔姆岛的土库自然保护区（Tuku Nature Reserve）繁殖。还有些鸟类，如查岛信天翁，虽更常见些，但也只在皮拉米德岩柱（Pyramid Rock）方圆 25 英亩区域内繁殖。

物种名录

- 查岛鸲鹟
- 查岛噪刺莺，或吵刺莺
- 福布斯鹦鹉
- 查岛沙锥
- 查岛蛎鹬
- 滨鸻
- 查岛鸬鹚
- 皮岛鸬鹚
- 红圆尾鹱
- 查岛圆尾鹱
- 查岛信天翁
- 新西兰信天翁
- 北方皇家信天翁
- 新西兰红嘴鸥
- 黄秧鸡
- 澳洲燕鸥
- 查岛鸠
- 查岛吸蜜鸟
- 查岛雀鹟
- 小蓝企鹅
- 宽吻海豚
- 新西兰软毛海豹
- 大白鲨

……

但查塔姆群岛鸟类王冠上的瑰宝是一种相当不引人注目的小鸟：查岛鸲鹟。当它在森林的落叶层觅食时，没有比找到蟑螂、沙蚤和蚯蚓更令它高兴的事了。它就是这样一种你忽视了它都不必道歉的鸟。但它因两点而出名：其一它的脚底是黄色的；其二它是全球最接近灭绝的物种（实际上没有完全消失）。1980 年，全世界一度

“1980 年，全世界一度只剩下一对有繁殖能力的查岛鸲鹟——现在它们的种群数量在 200 至 250 只之间……并仍在继续增长。”

靓丽：滨鸻是查塔姆群岛的本地物种

左：你很容易看到在宾馆旁边的沙滩上或者在悬崖上活动的查岛蛎鹬

只剩下一对有繁殖能力的查岛鸲鹟——雌性叫老蓝，它的伙伴叫老黄（名字取自它们的脚环）。但我们要感谢一次勇敢且充满戏剧性的拯救行动，现在它们的种群数量在 200 至 250 只之间……并仍在继续增长。那是有史以来最引人注目的动物保护成功范例之一。

根据到目前为止的目击记录，查塔姆群岛仅有的本地哺乳动物都是海洋生物，其中有 5 种海豹和 25 种鲸和海豚。新西兰软毛海豹是唯一在这里繁殖的鳍足类动物。经过几十年商业捕鲸活动的劫掠，鲸的种群数量恢复一直非常缓慢。在这里游览时，请注意观察宽吻海豚、长肢领航鲸、抹香鲸和其他鲸目动物。实际上这里也是全球鲸目动物搁浅的热点地区——在那些“晒身”海滩的动物中，突吻鲸不少于 8 种。

这里还有数量众多的大白鲨——一份评估报告显示，大白鲨个体数量多达 200 条。乘船旅行时能看到它们的踪影，而且有机会在鲨笼中和它们一起潜水。

你要知道的

何时去最好？

最好是 9 月末至 3 月（南半球的春节和夏季）去查塔姆群岛。虽然马克·吐温说：“如果你不喜欢这里的天气，就多等几分钟好啦。”不过，在查塔姆群岛你却不必忍耐，因为每年的这段时间天气都非常舒适，鸟类都处于繁殖期。毛皮海豹主要在 12 月生产，其种群数量在 1 月初达到顶峰。春季是野花烂漫的季节，查塔姆岛每年一度的“勿忘我花草节”（Forget-Me-Not Festival）在 10 月举行。11 月至 6 月，可以参加大白鲨观察和鲨笼潜水活动。

如何去最好？

行程都要经过新西兰。有从惠灵顿、奥克兰、克赖斯特彻奇和纳皮尔（Napier）起飞的定期航班（飞行时间 1.5 ~ 2 小时）。虽然有不定期货轮会搭载少量乘客（从新西兰出发，航程 4 ~ 5 天），但没有定期海上航线。

查塔姆岛上的主要城镇是怀唐伊（Waitangi），约 200 位居民，是大量本地生物聚集、活动的区域。这里接待条件有限，必须预订；宿营不违法，但不鼓励住在怀唐伊城外。岛上没有固定公交线路——甚至没有出租车——但可以安排越野旅行和内陆交通。可以租渔船，但租金较贵。还可以租车：岛上有一条柏油碎石路，在怀唐伊和特万（Te One）之间，除此之外大都是砾石路。

大部分小岛都归私人所有，而且到很多区域去必须获得业主许可。还有很多环境敏感区域受严格限制或禁止通行。不过，在有通行证的导游陪同下可以访问上述大部分区域。前往曼格瑞岛（Mangere）和东南岛游览必须取得通行证，因为那里是查岛鸲鹟的活动区。这里有“主人服务系统”。在岛上逗留期间，会有一位本地人照顾你，安排行程并招呼其他岛民为你提供力所能及的帮助。

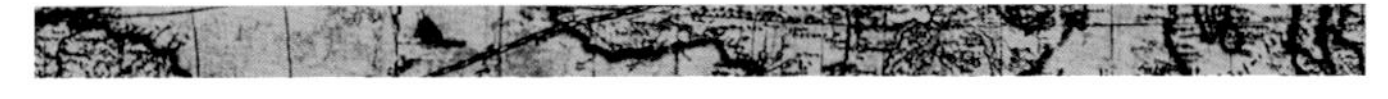

前路茫茫的北极熊：经过多年捕猎，斯瓦尔巴特群岛的北极熊种群数量依然在恢复性增长，但现在全球变暖成了它们最大的威胁

与北极熊一起巡游

挪威极地：斯瓦尔巴特群岛

谁不希望看到一只野生北极熊呢？在世界最北端的冰雪荒原上，熊比人多，这里是梦想之地。

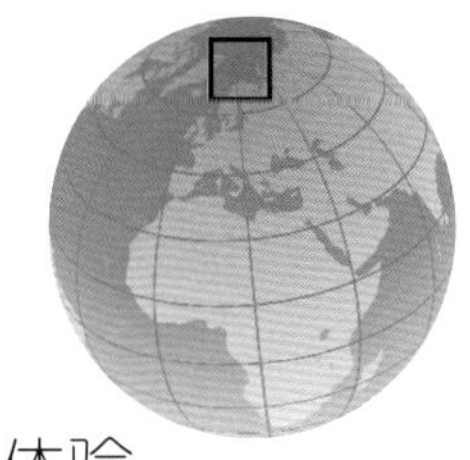

体验
The experience

体验什么？安排一次与众不同的旅行，寻找北极熊、海象以及大量高纬度地区的野生动物

到哪儿去体验？远离挪威大陆西北部的斯瓦尔巴特群岛，距北极点仅 680 ~ 930 英里

如何体验？乘坐冰区加强游轮做一次舒服的船上探险

除了加拿大北部游客众多的丘吉尔市之外，在北极和亚北极地区的许多地方都可能见到北极熊，斯瓦尔巴特群岛（Svalbard Archipelago）是近距离接触北极熊最靠东——也是最荒凉——的地方。在这片岛屿和周围的冰海上生活着约 3000 头北极熊；如果你参加一个 7 月的探险巡游，想不碰到几只北极熊都难。

斯瓦尔巴特群岛是一片引人注目、令人惊叹的荒蛮之地，这里有巨大的蓝白冰川、积雪覆盖的山脉，还有陡峭的峡湾。它由三座大岛——最大也最知名的斯匹次卑尔根岛（Spitsbergen）、东北地岛（Nordaustlandet）和埃季岛（Edgeoya）——以及众多小岛组成。

这里有地球最北端的人类永久定居

最棒的一天

我最近一次在斯瓦尔巴特群岛旅行的最后 24 小时，将一场大戏推至高潮。那天始自一次难忘的近距离接触——一只母北极熊和它两只吵闹的幼崽——之后一头长须鲸、一群髯海豹，还有几种海鸟陆续登场。我们度过了一个惊心动魄的夜晚，奋力穿过已被浮冰堵住的冰峡湾（Isfjorden）入口，上岸赶往边陲小镇朗伊尔，路上一直有北极燕鸥相伴。在赶往机场途中，还偶然瞥见了一只北极狐，这种动物通常在城镇周围游荡，要不是赶着办理登机手续，真该好好欣赏一番。在排队通过安检时，我们竟然看到有将近 100 头白鲸在候机区外面的浅水海域中恣意嬉戏。

点。约 2700 人住在三个主要社区里：朗伊尔（Longyearbyen），是该地区的首府也是最早的定居点，人口 2000 人；新奥尔松（Ny – Ålesund），永久居民 40 人，尽管夏天时住的人会多些；还有一座俄罗斯人的矿区，叫巴伦支堡（Barentsburg），人口 700 人。这些城镇间没有道路衔接——夏天的交通工具是船，冬天是机动雪橇——而且除了几座研究基地和矿山之外，该群岛 24000 平方英里的疆域几乎没有人类踪影。

斯瓦尔巴特群岛是全球最北段的土地——它与北极点间是几百英里的冰海（北部海岸大约处于北纬 81°）——一年中有 8 个月被冰封，有 4 个月被无尽黑暗笼罩。但在短暂的北极夏天里，它却要经受异乎寻常的转变。这块令人生畏的地方 24 小时阳光普照，苔原上开满鲜花，高耸的海蚀崖上挤满了数百万只海鸟，还有形状各异的浮冰，为北极熊、海象、环海豹和髯海豹营造出一个温馨的家园。

北极熊

大多数前往斯瓦尔巴特群岛行程的主要目的都是一样的——观察北极熊。几乎到处能看到北极熊。事实上，最可能看不到北极熊的地方就是船上。不过还是有它们现身的热点地区，因为喜欢冰天雪地，所以它们较少出现在斯匹次卑尔根岛西部。一些北极熊整个夏天都待在陆地上，等待大海再次冰封那一天，但许多北极熊会跟着渐渐退却的浮冰，一直进入极北、东北和东部的峡湾。它们常在冰川峰上捕猎，特别是春季，它们以环海豹为食并照顾自己的幼崽。

在对北极熊 100 年的密集捕杀后，1973 年，斯瓦尔巴特群岛成了禁猎区，最近的几十年里，北极熊的种群数量得到显著恢复。为了保护人与财产的安全，每年会有少量北极熊被捕杀——随着前往该地区的游客逐年增加，捕杀数量也在增加。但对北极熊未来的最大担忧来自全球变暖。它们几乎终生离不开冰海，常年猎食环海豹及少量的髯海豹，有时也吃海象和白鲸。但它们赖以生存的海冰却在快速消失。冬季冰封越来越迟，夏季融冰越来越早、越快。因此北极熊只能大部分时间待在陆地上，那里更难找到食物，在一块块浮冰之间需要游很长的距离，这就要消耗珍贵的脂肪储备。

其他野生动物

斯瓦尔巴特群岛能成为顶级野生动物观察目的地不只靠北极熊。在这里，驯鹿随处可见；它们的体形比大陆上的同

你在看我吗？斯瓦尔巴特群岛上的海象种群目前稳定在 20000 头左右

左：若在 7 月访问这个群岛，保证可以看到北极熊和海象；也能将憨态可掬的王绒鸭摄入镜头

物种名录

- 北极熊
- 北极狐
- 驯鹿
- 海象
- 髯海豹
- 环海豹
- 竖琴海豹
- 长须鲸
- 小须鲸
- 白鸥
- 叉尾鸥
- 楔尾鸥
- 北极鸥
- 北极燕鸥
- 王绒鸭
- 厚嘴崖海鸦
- 白翅斑海鸽
- 侏海雀
- 海鹦

“到了夏季，这里 24 小时阳光普照，苔原上开满鲜花，还有形状各异的浮冰，为北极熊、海象、环海豹和海豹营造出一个温馨的家园。”

“最常见到的鲸是白鲸——每个鲸群的个体数量从几只到数百只不等。”

上：不要忽视警告，让北极熊自由自在地生活

右：保持安全距离，坐在苏地亚充气橡皮艇上观察北极熊

下：我是海象，我的獠牙很威风吧

类要小些，毛皮更粗糙。它们主要在驯鹿平原（Reinsdyrflya）和诺登舍尔德地（Nordenskioldlandet）活动。北极狐不太容易找到，但它们常在海鸟聚集地下面活动，以滚落的鸟蛋和幼鸟为食，朗伊尔的北极狐非常温顺，因为有好几个人在喂它们。

海象在群岛的几处著名地点觅食，不过它们的主要活动区还是在东部。它们的数量曾经非常多，但因过去的三五百年里人们为了猎取它们的象牙，进行了过度商业利用，它们甚至到了灭绝边缘。1952 年起，它们被列入受保护物种，种群数量开始缓慢回升：最新估计有约 2000 头海象。姆芬岛（Moffen Island）——一座环状砾石岛——是海象最重要的活动区之一；这里受到严格保护，任何人不得进入该区域 300 米（1000 英尺）以内。其他活动地点包括卡尔王子岛（Prins Karls Forland）上的普尔宾腾角（Poole Pynten）和多莱尔尼赛特（Torrelneset）。

在这片群岛上，最常见的海豹是环海豹，另外是髯海豹；人们会看到它们在水中游泳或躺在浮冰上。在浮冰区还能看到竖琴海豹和冠海豹，尤其在东北部地区。斑海豹在西部地区的卡尔王子岛周围繁殖，这也是它们活动范围的最北端。

若在 400 年前，在斯瓦尔巴特群岛观鲸应该是非常壮观的场面，那时这个海区生活着好几种数量巨大的鲸。但经过 17 世纪至 20 世纪初的密集捕猎，鲸种群几乎被彻底摧毁。它们从未真正恢复。在斯瓦尔巴特群岛，屠戮的痕迹——从散落的鲸骨到鲸脂炉——随处可见。活的须鲸很难找到。例如，弓头鲸曾经很常见，但如今非常罕见。长须鲸和小须鲸在多数行程中（如果那些勤勉又善于观察的博物学家在船上的话）都能见到，尤其是在浮冰相对较少的西部及南部海岸。座头鲸会偶尔出现。

最常见的鲸是白鲸——成群结队，少则几只多则几百只。当体形较大的鲸变得稀少时，它们也成为被捕猎的对象，不过它们的数量似乎恢复得相当好，活动范围靠近海岸。夏季的观光热点：朗伊尔的埃德温驰戴伦河（Adventdalen River）河口西侧、机场外和思维格鲁瓦（Sveagruva）；斯匹次卑尔根岛西海岸的贝尔松－范梅耶夫尤恩－范克伦夫尤恩（Bellsund–Van Mijenfjorden–Van Keulenfjorden）可能是最好的观赏地。独角鲸有时会出现在斯瓦尔巴特群岛北部，特别是东北地岛和欣洛彭海峡（Hinlopenstretet）。

群岛的鸟类多样性并不出色：虽然这里记录有约 160 种鸟类，但仅有 25 种将这里作为定期繁殖地。尽管种类缺少变化，但鸟类的数量惊人。体型巨大的侏海雀是该群岛数量最多的物种，在不少于 207 块聚集地上生活着约 100 万对繁殖期的侏海雀，大部分在斯匹次卑尔根岛西部；在一些地方，侏海雀像蚊虫一样在池塘上空盘

旋。厚嘴崖海鸦的数量次之，在142块聚集地上有约85万对繁殖期的厚嘴崖海鸦，它们主要分布在斯匹次卑尔根岛的东南部。还有一些数量较多的海鸥（其中以白鸥、楔尾鸥、叉尾鸥和北极鸥为众），在朗伊尔宾馆外便可以见到雪鹀、紫滨鹬和灰瓣足鹬等。

巡游路线

巡游路线依行程而定，也取决于冰情和天气条件，但主要景点有：冰川，比如摩纳哥冰川（Monaco Glacier）和7月14日冰川（14th of July Glacier）；横卧在群岛最西北端的马格达莱纳峡湾（Magdalenefjord）景色宜人，可能是斯瓦尔巴特群岛出镜率最高的地标；斯匹次卑尔根岛上的捕鲸站旧址；一大批非常棒的观鸟地；以及一个人类社区或研究基地。

受墨西哥湾流影响，尽管斯瓦尔巴特群岛的西海岸位于高纬度地区，但气候非常温和（夏季平均气温高达42 ℉ /6℃），夏季航行相当通畅。更荒凉、寒冷、冰冻的北部及东部地区通达性较差，但也值得一试——那里常有更值得去观察的野生动物。

你要知道的

何时去最好？

探险游主要在6月初至8月，是这里的旅游旺季，正值极昼，浮冰区都已解冻，船能驶入众多最佳野生动物观赏地，海鸟的繁殖活动也处于高峰。午夜阳光一直灿烂到8月20日左右。进入7月最后一周，大部分雏鸟都已离巢。如果你想尝试斯匹次卑尔根岛环岛游，请在7月末或8月出行。

也可以在冬季前往斯瓦尔巴特群岛。当地人说，2月是他们最喜欢的月份。你可以住在朗伊尔或被冻在浮冰中的“北极光号”（Noorderlicht）上。你将有机会乘坐爱斯基摩犬拉的雪橇和机动雪橇，体验独特的极地风情，但通常不容易见到野生动物。

如何去最好？

在夏季旅游高峰时，几乎每天都有朗伊尔始发的探险游（行程通常持续7 ~ 14大）。经特罗姆瑟（Iromsa）或奥斯陆提前一天（要考虑到航班或行李延误的情况）飞到朗伊尔。在上船前，选一间舒适的宾馆或招待所过夜。你也可以乘船前往朗伊尔，但只能夏季去。一些旅游经营者提供斯瓦尔巴特群岛与苏格兰北部、法罗群岛（Faroe Islands）、冰岛、扬马延岛（Jan Mayen）、熊岛（Bear Island）或格陵兰岛的组合游项目。

休息和旅行都在船上，借助苏地亚充气橡皮艇上岸并在陆上活动。登陆过程有武装护卫保护——主要是防止北极熊袭击。选船时不要盲目：因为在船上观察野生动物离不开博物学家，也最好不要选择超过100位乘客的游船。

还有另一种计划，可以把朗伊尔作为大本营，安排一至数天的短途游。交通工具多样，可以选雪橇、机动雪橇、船或直升机，而且可以开展搜寻化石游，参加赏花漫步，乘皮划艇观赏野生动物或乘小船出游。然而，这里并非探索北极熊王国的最佳地点——除非你的预算宽裕，时间也很充裕。

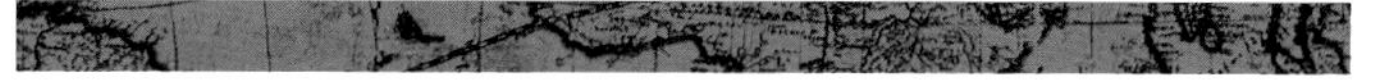

黑云压城：每年有两个月，数百万只蝙蝠栖息在赞比亚的一个小角落里，每晚四散而出觅食水果

翻飞的蝙蝠

赞比亚：卡桑卡国家公园

当800万只蝙蝠齐聚赞比亚，一次最壮观的野生动物奇观便由此诞生了——绝对是神圣的启示。

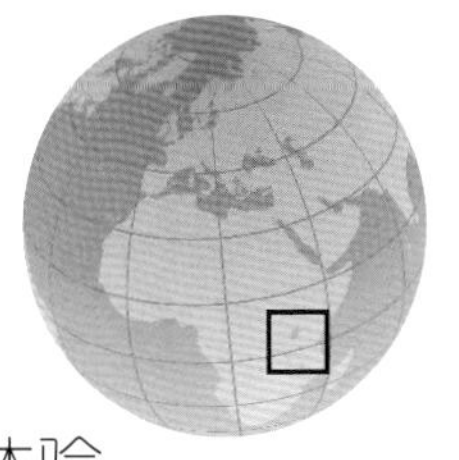

体验

The experience

体验什么？每天两次800万只黄毛果蝠的风暴行动

到哪儿去体验？赞比亚中部一处偏远的小树林

如何体验？日出和日落时在鸟群附近观察

每年都有数周时间，数量多到无法想象的黄毛果蝠聚集在赞比亚卡桑卡国家公园（与民主刚果边境接壤）的一个树丛里。它们是非洲体型第二大的蝙蝠，平均翼展超过30英寸，而它们的栖息地还没有白金汉宫的花园大。它们的数量多到树枝都被生生压断。

具体数字不好计算，但科学家估计这群蝙蝠在500万至1500万只之间：800万只则是被广泛接受的数字。这个数量大致是在肯尼亚和坦桑尼亚著名的玛拉－塞伦盖蒂角马大迁徙数量的四倍，因此，这成为非洲最大规模的哺乳动物聚集事件。

卡桑卡国家公园在卢萨卡东北方约325英里处，面积150平方英里，由覆盖着干旱林地的高原和星星点点的湖泊、河流与沼泽组成。这是赞比亚首家私营国家

“站在鸟群飞行路线的正下方，它们会以倾盆而下的黏糊糊的粪便、尿液和呕吐物向你致意。”

最棒的一天

每日行程很简单，凌晨3：45起床，摸黑驱车赶往鸟群栖息地，之后便是等待。太阳跃上地平线那一刻，刚过5点，天上满是从暗夜中饱餐归来的蝙蝠，耳边充斥着喧嚣无比的杂音。为了白天能好好休息，它们倒挂在所有能找到的树杈与树干上，整个树林都是黑乎乎的——蝙蝠、蝙蝠、蝙蝠，到处都是蝙蝠。晚间的例行程序也大致相同：你等在森林边缘，6点过后，夕阳西下，800万只蝙蝠腾空而起，消失在夜色中。场面令人震撼，却又非常简单，每一天都是最棒的一天。

公园。它不是传统狩猎旅行目的地——不必期待到处都有一群群动物——但确实有可炫耀的资本。

这里是世界上林羚种群密度最大的地方。任何曾在蚊虫滋生的沼泽里，寻找这种水陆两栖活动的羚羊而无果的人，都会对卡桑卡顶礼膜拜：早餐前的一小段时间，从“菲伯维树影”（Fibwe Tree Hide，非洲最佳林羚观察地）看到20头林羚是稀松平常的事。公园里有记录的哺乳动物物种不少于110种：你很可能见到珍稀的蓝猴、大象、河马、侧纹胡狼和非洲黄狒狒以及相当多的非洲赤羚。

这里的鸟类异常丰富，迄今鸟类清单已超过450种，卡桑卡是非洲最好的观鸟地之一。猛禽随处可见，从体态巨大、颜色鲜艳的短冠紫蕉鹃到横斑鱼鸮，让人

大饱眼福。就在大路边的班韦乌卢沼泽（Bangweulu Swamp）里还生活着鲸头鹳。

这里还有大量爬行动物。我在公园核心区内的瓦沙营（Wasa Camp）的茅草屋附近见到的野生动物，比在其他国家公园见到的全部动物都多。黑橙条纹相间的虎蛇、有着漂亮长毛的巴布蜘蛛、绿色的螳螂，以及成群的飞蛾、蟑螂、千足虫和蚂蚁（到处都是咬人的大蚂蚁），都可能与你不期而遇。

但所有这些，与世界上最伟大的野生动物奇观之一相比简直不值一提。每天两次的狐蝠风暴便是对栖身野外、蚊虫叮咬最好的补偿。

据估计这些蝙蝠从整个中部非洲迁徙而来，最后落在穆索拉（Musola river）和卡桑卡（Kasanka river）两河交汇处30英亩大的穆什图（Mushitu）沼泽森林里。它们每年准时出现，以数英里内的季节性水果为食。许多蝙蝠都是已怀孕或带着初生小蝙蝠的雌性蝙蝠，它们需要补充额外能量——它们来时恰是水果成熟的高峰期，而离开时水果已所剩不多。这群蝙蝠每晚要吃掉约5000吨野枇杷、倒卵子弹木果和其他果实。

整个白天，蝙蝠都密密麻麻地挤在一起，倒挂在所能找到的树枝和树干上。它们的姿态很有趣——总是焦躁不安，颤动不已，从一个位置慢慢移动到另一个位置。时不时会有一只蝙蝠挤出来，从其他蝙蝠身上爬到蝙蝠堆的最低处，选好撒尿的位置——不能浇到“床伴”的身上——之后抖抖身体，爬回原来的位置。

丝毫不奇怪的是，这块栖息地也吸引了大量食肉动物和食腐动物——很多就在森林地面上游荡，时刻准备捕食不幸从树上跌落的蝙蝠。这其中有鹰、秃鹰、黑曼

物种名录

- 黄毛果蝠
- 非洲象
- 林羚
- 非洲赤羚
- 黑驴羚
- 貂羚
- 马羚
- 灰小羚羊
- 利氏麋羚
- 水牛
- 河马
- 豹
- 侧纹胡狼
- 非洲灵猫
- 安哥拉獛
- 非洲小爪水獭
- 沼泽獴
- 粗尾丛猴
- 非洲黄狒狒
- 蓝猴
- 黑长尾猴
- 横斑鱼
- 冠鹰雕
- 非洲鱼鹰
- 非洲泽鹞
- 白背秃鹫
- 巾冠兀鹫
- 鞍嘴鹳
- 尼罗鳄

……

巴蛇、泽巨蜥、鳄鱼、麝猫和豹。

等待蝙蝠回巢是我在早上起床后做的第一件事，这也是我在卡桑卡最喜欢的时刻。一开始是“只闻其声不见其人”：一种与众不同的吱吱声——它们准备从郊野一窝蜂地返回树林时都会发出这种声音。首先出现的是一二十只的小队，接着的是成百只的小群，之后便是成千上万只的大群。很快天空中就塞满了数百万只巨大的蝙蝠。在接下来的一个小时里它们都不会消停下来。若你站在它们飞行路线的正下方，它们会以倾盆而下的、黏糊糊的粪便、尿液和呕吐物向你致意。等太阳普照大地时，它们已经在树林里安然就寝，你需要再等到夜幕降临，观看它们再一次倾巢而出实施夜间劫掠行动。

倒挂金钟：蝙蝠整个白天都成堆地挂在树上

左：人工搭建的观察哨让你有机会近距离观察动物，而乘车观赏动物则为你提供了更宽广的景观视野

你要知道的

何时去最好?

蝙蝠通常最早在10月20日前抵达卡桑卡国家公园，一般会待到圣诞节前后（最早到达的蝙蝠群离开后的一周内，整个群聚地的蝙蝠都会飞走）。一般而言，雨季从11月持续到4月，在11月会偶尔下几场瓢泼大雨，而12月则是天天下大雨。经过数月的燥热和尘土飞扬之后，这真是一场幸福的宣泄——雨季是卡桑卡最美丽的季节，到处绿草茵茵、鲜花盛开，天空清澈湛蓝。雨季观鸟正当时，大量鸟类处于迁徙状态。公园全年开放。

如何去最好?

从卢萨卡租车，前往卡桑卡国家公园。行车6 ~ 7小时，柏油路面，路况很好，直达公园门口。当心暴雨，偶尔警察会设置路障向游客索取财物。

还有另一种行程。乘坐公园提供的小型飞机从赞比亚任何地方飞往保护区内的密林停机坪。从卢萨卡到公园约需飞行1.5小时，将费用分摊到几个人身上，其实不比开车高很多。

在瓦沙旅馆（Wasa Lodge）住宿。有一组圆形茅屋（非洲风格的小屋）和简单的牧人小屋，离蝙蝠聚集地很近。聚集地附近还有一座简陋的宿营地（需要自备帐篷、设备和食物）。

在蝙蝠聚集地，或等在林外，或从木制观察哨中向外观察。最佳观察哨是“菲伯维树影”，建在一棵60英尺高的桃花心木树上——你得行动敏捷且不恐高，顺着狭窄的木梯爬到顶部，不过菲伯维沼泽和部分聚集地的大全景太震撼了。

在蝙蝠两次集体行动之间，还能选择汽车、步行、自行车和独木舟等多种巡游方式。在公园内，尽管有狮子和鬣狗游荡，但危险动物相当少。公园北面的班韦乌卢沼泽，距离约30英里，值得一去：那里有超过10万头黑驴羚，也是鲸头鹳的最佳观赏地。

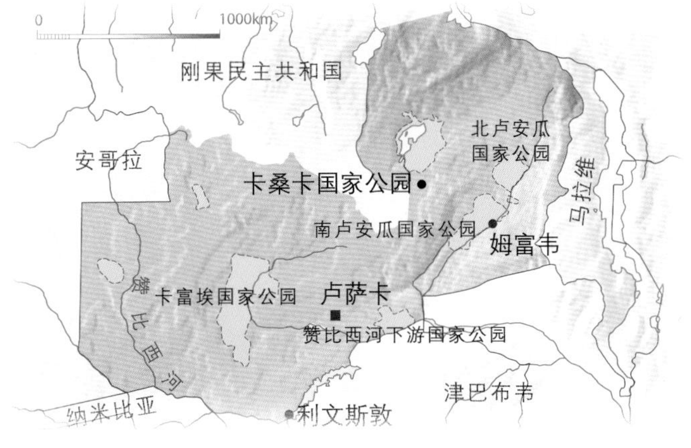

怪兽在此：科莫多龙——体重200磅，10英尺长，靠唾液中的细菌下毒的家伙

让人落荒而逃的科莫多龙

印度尼西亚：科莫多岛

如果有这样一个地方，那里住着吃人的巨型蜥蜴，嘶嘶叫着朝你冲过来，让你后背一阵阵发凉，你会喜欢上它吗？我不清楚——但我喜欢。

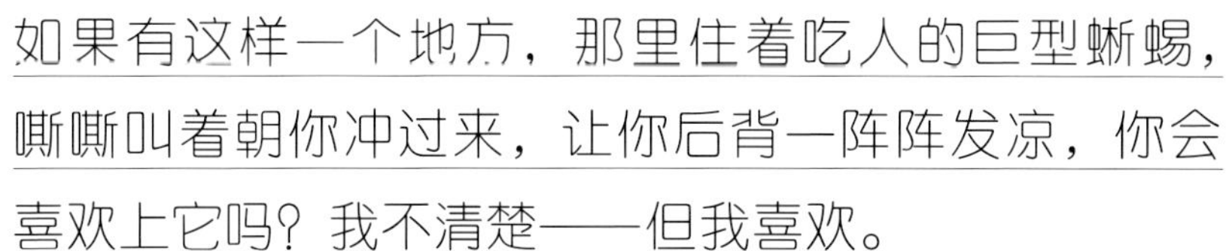

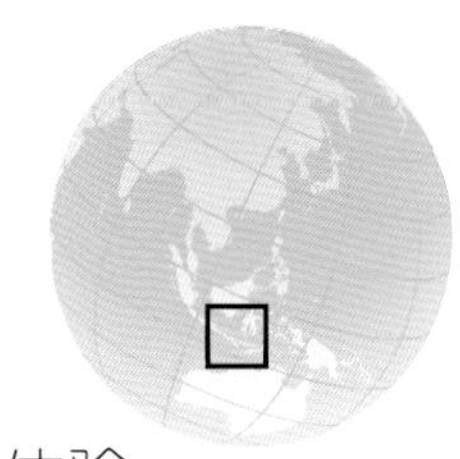

体验
The experience

体验什么？ 勇敢地拨开天堂（说地狱也可以，全凭你怎么看）的一道缝，就能见到具有传奇色彩的科莫多龙

到哪儿去体验？ 科莫多国家公园，在巴厘岛以东 300 英里的小巽他群岛上

如何体验？ 日出乘船抵达国家公园，之后徒步旅行

说起科莫多龙，我有诸多不确定的地方。到科莫多国家公园（Komodo National Park）的首次访问也没给我留下什么好印象。那里似乎是一个荒凉且不友好的地方，而且在那儿逗留的时间里，我感觉不舒服（行程一开始很吸引人，有鹿在登陆点附近的沙滩上游荡，但我内心充满不安，没敢深入内部探访）。

更糟的是，那里溽热无比，在仅仅一周内，我便多次与毒蛇有过极为危险的接触，比之前所有旅行中遇到的毒蛇加在一起都多，而且——坦率地说——我发现科莫多龙是最没吸引力的动物。

不过那是 20 年前的事了，实际上，在那之后我逐渐爱上了这个印度尼西亚的小角落。就像毒蛇注入猎物体内的毒液，我对这里的爱也融入血液并长留其间。我

上：雨后的科莫多岛郁郁葱葱，尽管旱季意味着枯萎和荒芜

不会装模作样地说，这里像其他那些我最喜爱的地方一样可爱——也许与个人爱好和品位有关——但毫无疑问这是一个非常与众不同的地方。给它一个机会，见识一下这里的特别之处。甚至科莫多龙也有独特的魅力——体重超过 200 磅，体长超过 10 英尺，粗糙的硬皮，滴着充满细菌的唾液、散发着恶臭的巨嘴。

印度尼西亚共有大约 18000 座岛屿（准确的数字尚存争议），但科莫多龙只生活在靠近群岛中部的 5 座岛屿上。这些岛屿包括科莫多岛（Komodo）本岛、临近的林卡岛（Rinca，有时读作“林贾岛”）、莫堂岛（Gili Motang）和德萨米岛（Gili Dasami），以及弗洛雷斯岛（Fores）的一个非常小的角落。有大约 1400 条（之前有估计称将近 5000 条，据信存在误算）科莫多龙。令人遗憾的是，这其中只有大约 50 条为具有繁殖能力的雌性科莫多龙，因此人们最大的担心是，由于它们的数量如此有限，一场山火、一次突然爆发的疾病或者猎物种类的突然衰落都有可能给整个繁殖种群带来灭顶之灾。

科莫多岛其实是一座非常小的岛，面积只有 22 英里乘 9 英里的一小块地方，它在巴厘岛以东大约 300 英里处（这两座岛屿迥然不同，仿佛属于两个星球）。有人说科莫多岛上起伏的山峦就像蜥蜴皮肤上巨大的皱褶，而它的山峰也是参差不齐、犬牙交错，这真是非常恰当的比喻。岛上的最高点是萨达里布山（Gunung Satalibo），高 2411 英尺——尽管这里异常炎热，但值得费力爬到峰顶欣赏令人震撼的景观。在旱季，科莫多岛看上去就像一块浩劫之后的场地——到处都是焦黄、干枯、尘土飞扬的景象。但到了雨季，这里则郁郁葱葱，看上去就像到了威尔士或苏格兰。

当然，除此之外，科莫多岛和威尔士或苏格兰就没有什么相似之处了——尤其是说到当地的居住者。有一个古老的玩笑，说科莫多岛上的动物可以分为三类：剧毒的、中等毒性的和又大又吓人又流哈喇子的。据估计，这里每平方英尺土地上盘踞的毒蛇数量在这个星球上无处能出其右：这其中就有印度眼镜蛇、卢氏蝰蛇、白唇竹叶青蛇和绿树蝰蛇。在这样的地方，每次转身，迎接你的都是致命的“惊喜”——它们也许会爬进你的靴子里，隐匿在灌木丛后或者就躲在马桶座圈下面。甚至一只壁虎都比大眼睛的蜥蜴更能让你回忆起乖戾的斗牛犬。

不过，科莫多龙才是这里毫无争议的王者。千百年前，从科莫多岛回国的中国人（他们在水下采集珍珠）带回不仅口中喷火还吃人的可怕巨兽的故事——有人认为这就是中国龙神话的起源，或者至少助

暴戾但脆弱：科莫多龙现存约 1500 条，但只有 50 条是有繁殖能力的雌性科莫多龙

物种名录

- 科莫多龙
- 鬣鹿
- 水牛
- 野猪
- 食蟹猕猴
- 棕榈猫
- 卡莫鼠
- 儒艮
- 龙目狐蝠
- 绿皇鸠
- 大凤头燕鸥
- 鸥嘴燕鸥
- 红尾热带鸟
- 橙脚家雉
- 小葵花凤头鹦鹉
- 大石鸻
- 栗鸢
- 鹗
- 白腹海雕
- 短趾雕
- 白腹隼雕
- 杂色鹰
- 褐鹰
- 姬隼
- 斑隼
- 林夜鹰
- 栗喉蜂虎
- 绿海龟
- 玳瑁
- 印度眼镜蛇
- 卢氏蝰蛇
- 绿树蝰蛇
- 白唇竹叶青蛇
- 大壁虎
- 科莫多弓趾虎

……

“你肯定不想被科莫多龙咬一口，它们的唾液一直滴个不停——那是由57种有毒的细菌组成的古怪的混合物。”

长了这一神话的诞生。不管怎样，科莫多龙是带有鳞片的大型动物，它还会吃人，尽管它实际上并不会喷火，但对人类而言，它被普遍认为是口气最臭的动物。在那个时候，每当人们看到一片自己不喜欢的土地时，便习惯性地在他们的地图上写下“龙出没”的字样——而科莫多岛绝对就是这样的一片土地。对于这样的地方，游客们会收到特别危险和不宜前往的警告。

由商人和渔民们带回的关于史前巨蜥的故事不停地流转，但（可以理解的是）没有人真正相信此类事情的存在，除了那些想象力最为丰富的人之外。最终，荷兰人派出一支科考队来调查这件事。当时本着科学考察的精神，他们射杀了一头科莫多龙并带回评估。它被甄别为巨蜥家族的成员而且几乎可以说就是世界上最大的蜥蜴。

很多村民和公园管理员对遭到科莫多龙袭击时留在身上的深伤疤颇为自诩，所以毫无疑问，它们是生活在你家门口的危险动物。这么多年以来，它们甚至杀死了一两个旅游者。很显然，只要科莫多龙想做，只须用尾巴轻轻一扫（力量惊人，可以将一只成年水牛击倒在地），它便会轻而易举地把你撂倒。但能杀人并不必然意味着它一定去那样做。尽管科莫多龙声名狼藉，但它们袭击人的事件异常罕见。你一个人到它们的岛国家园去闲逛时的感觉，有点儿类似一只鸭子走进了一间中国餐馆的大门。

你当然不希望被科莫多龙咬到。它们确实一直垂涎不止，而且从口中喷出的唾液也确实令人感觉非常不舒服。它是由不少于57种有毒的细菌组成的古怪的混合物。唾液的毒性确实很强，如果不作紧急处理，被科莫多龙咬过的伤口不会愈合，你很可能会死于败血病或类似疾病。

似乎这还不够。最近的研究表明，科莫多龙可能长有毒腺。这处位于其口腔内部的腺体所产生的毒液和在某些世界上最危险的蛇类身上发现的毒液一样强力，使其成为这个星球上迄今为止最大的有毒动物。

如果你是它们领地上勇敢的且当之无愧的王者，那么你可能会完全原谅它们。不仅如此，它们捕猎的方式既卑鄙又残忍。当一头科莫多龙趴着伏击马或水牛之类的大型动物时，它没有必要期望即刻杀死它们。如果它陷入一场自己可能负伤的战斗中，而且那样对自己没什么好处，那么它经常做的其实是咬猎物一口，之后便跑掉。唾液中可怕的混合物以及毒液可以确保倒霉的猎物身体日渐虚弱并死去，通常在几日之内，这样科莫多龙

疑似一家人：这不是科莫多龙，而是泽巨蜥

左上：不只是垂涎欲滴——那绝对是垂涎三尺

左下：科莫多岛像极了威尔士或苏格兰

最棒的一天

在拍摄电视系列片《最后一眼》时，我和一只科莫多龙有了一次亲密接触。我们与科莫多龙研究员德尼（Deni）在一起，他在一棵树下安放了一个巨大的陷阱，抓住了一只雄性大科莫多龙。德尼用胶带将它的嘴巴缠上（他还真有能耐），我们四个人死死按住它，而它使出可怕的蛮力扭动着，差点将我们掀翻在地。我们做了简单的测量（它有8.5英尺长），并将一个无线发射器贴在它背上（就像一个小背包），之后德尼揭开胶带并喊："一、二、三！"大家一齐松手，不等它有所反应便快速跑开了。

就可以从容地吃掉猎物（或者另一条碰巧先发现垂死猎物的科莫多龙从容地吃掉它）。

这种情况是你在科莫多岛上旅行期间经常可以看到的。

好消息是你成功的概率非常大。一开始并不太容易，因为科莫多龙经常完全静止地趴在地上，你的眼睛一直要睁得大大的，要十分机警，以防绊倒在它们面前。一旦你看到它们，它们表现得异常温顺；它们在非常可笑地诱惑你慢慢靠近，直到你几乎处在可接触距离之内。唯一能证明它们依然是活物的是偶尔轻轻弹出的舌头，吓得你猛地往后跳开，也提醒你下次运气可就没这么好了。

不过一旦你的眼睛够用的话，你将发现到处都是科莫多龙。它们频繁地在公园管理处附近徘徊，寻找残羹剩饭，你可能会在无意中随时撞见他们。最佳观察时间是清晨和傍晚，此时它们通常会更活跃些（太阳一出来，就开始打瞌睡）。在求偶季节（5月至8月）访问这里会让你特别兴奋——你也许会看到雄性科莫多龙以后脚作支撑相互缠斗以显示它们在某个地盘上的统治地位。

最终，你会迷上它们。我知道这需要一个过程，但试着想一下，科莫多龙作为所有恐龙中唯一的幸存者，被困在东南亚一些荒凉的小岛上，而你以全新的角度观察它们。它们真的是怪异且精彩的动物。

当然，科莫多岛上还有其他的野生动物，尽管它们通常都不可避免地生活在

“大壁虎是这里的第二大物种，素有壁虎界的‘斗牛犬’之称——咬上什么都死不松口。”

巨兽的阴影之下。科莫多岛地处澳洲和亚洲动植物群落的过渡区内：许多哺乳动物在源头上都属于亚洲物种，而许多鸟类和爬行动物类则属于澳洲物种。多样性并不丰富，但这里还有一些有趣的物种。

首先，科莫多岛是爬虫学者梦想成真的地方，这里有一些不同凡响的爬行动物。各种壁虎尤其引人注目，特别是当你留在岛上过夜的时候。这其中包括蜥虎、蝎虎、鳞趾蝎虎、普通裂足蝎虎、半叶趾蝎虎、德氏弓趾虎、科莫多弓趾虎，还有重量级的——岛上的另一种巨兽——大壁虎。大壁虎是世界第二大的壁虎，体形惊人，长度可达 15 英寸，可以发出吓人的叫声（听起来像“图科依”或“介克－介克”）。它有一双近乎蓝色的大眼睛，身上带有鲜艳的红点或黄点。但最值得一提的是，大壁虎素有壁虎世界的“斗牛犬”的称号，因为它咬上什么都死不松口。（如果你非常倒霉地被它咬住，就赶紧跑到海滩上，把它整个浸在水下。）它在农村地区的民宅中很常见，到了晚上，它会出现在简陋的旅行客栈的墙壁上和天花板上。

下：就像这里的其他大型野生动物一样，野猪也出现在科莫多龙的食谱上

科莫多岛上其他的蜥蜴还包括几种小蜥蜴以及飞蜥——它们可以利用表皮上与活动的肋骨相连的巨大皱褶形成“翅膀”，使之能够滑翔 25 英尺，可以从一棵树飞到另一棵树上。

这里蛇类更为常见——而在世界大部分地方，你只有足够幸运才能一瞥它们的踪影。本地的蛇种包括印度尼西亚锦蛇、过树蛇、普通茶斑蛇、岛管蛇、印度白环蛇、犬牙林蛇、印度眼镜蛇、卢氏蝰蛇、绿树蝰蛇、白唇竹叶青蛇。还有更多的蛇生活在海里——其中包括狗面水蛇、瘰鳞蛇。过去在科莫多岛周围还可以见到咸水鳄，但它们可能已经从这片区域消失或者说非常罕见了。

科莫多岛上的哺乳动物包括鬣鹿、水牛和野猪（都是人类带来的），以及棕榈猫和大量龙目狐蝠。在临近的林卡岛上还有野马、食蟹猕猴。卡莫鼠出现在林卡岛和几座临近的岛屿和小岛上，但科莫多岛本岛尚未有记载。

在所有鸟类中，橙脚家雉最为有趣，它的体形与家鸡相仿，会用落叶和杂物搭建巨大的鸟巢并把蛋孵在里面（有机质分解产生的能量可以起到保温的作用）。最大的鸟巢直径可达 30 英尺，高度足有 15 英尺。

虽然科莫多岛附近海域存在毁灭性的捕捞作业（如炸鱼、氰化物毒鱼以及以活鱼为交易对象的热带鱼产业），但这里的生物资源依然很丰富。你可以观赏到五彩

爬虫学者的天堂：这种白唇竹叶青蛇只是科莫多岛随处可见的众多斑纹蛇之一

斑斓的珊瑚礁、长满茵茵海草的海床和成片的红树林。这里经常有强烈的洋流涌动，近岸景观丰富多样，从委婉旖旎到礁岩嶙峋，因此在做浮潜和潜水前要听取专业建议。你可以看到各种软硬珊瑚、色彩缤纷的海胆、西班牙舞娘（海蛞蝓）、几种海龟（主要是绿海龟和玳瑁）和丰富的鱼类，这取决于潜水地点的不同。

蝠鲼总是成群结队地出现，以浮游生物为食（主要是从9月至1月）。这里还有鲣鱼、拿破仑隆头鱼、大黑斑石斑鱼、与角鲨相像的金枪鱼和一些种类的大石斑鱼。

尽管该地区的鲨鱼已经不像过去那样多，但还是有很多机会见到灰礁鲨和白顶礁鲨的，而在7月至9月间，双髻鲨、短尾真鲨经常聚集在兰卡伊岩（Lankoi Rock）附近。鲸鲨偶尔也会出现。已经知道这里生活着儒艮（尽管它们不太常见）还有十多种不同的鲸和海豚。

你要知道的

何时去最好?

科莫多岛和林卡岛可全年前往，但有两个时段最好避开：季风雨高峰期，1月至3月，尽管雨季从11月绵延至4月；最繁忙的月份，7月和8月。旱季（5月至10月）是访问的好时间，不过要对高温有心理准备。雨季刚结束时特别好，到处是葱茏碧绿的景象。从5月至8月，科莫多龙活动最频繁，这是它们的交配季节，4月以后还能看到幼龙破壳而出。

如何去最好?

前往科莫多岛只能靠船，从弗洛雷斯岛西岸的纳闽巴霍（Labuan Bajo）或是松巴哇岛（Sumbawa）东部的比马（Bima）出发。两座城镇与巴厘岛均有定期航班通达，或者乘轮渡。有从纳闽巴霍前往林卡岛的一日游（行程两小时），但科莫多岛太远了。科莫多岛的洛里杨（Loh Liang）公园管理处有有限且简陋的接待设施，而岛上唯一的村落甘榜科莫多（Kampung Komodo）却没有接待设施。

可以考虑采取另一种计划，参加从巴厘岛、龙目岛（Lombok）、比马和纳闽巴霍出发的船宿游。一些游船只去科莫多岛，而其他游船的行程则包括科莫多岛在内的多次停留。也可以组成一个旅行团包船（听着复杂实则很简单）。

当地导游或公园管理员知道哪里可以看到科莫多龙并能保证安全，所有独自旅行都是不明智的。可以参加从洛里杨到班奴古隆（Banugulung）的短途徒步观光（往返行程2个小时）。也可以参加行程较长的徒步观光游，为期1到2天，中途在位于洛斯比达（Loh Sebita）或洛根古（Loh Genggo）的简易管理站过夜。

在邻近的林卡岛上也有科莫多龙。岛上的洛布阿亚（Loh Buaya）公园管理处有有限且简陋的接待设施（也提供带导游的徒步游览）。林卡岛的徒步旅行也有其独特之处，你可以看到野马和食蟹猕猴（在科莫多岛上看不到）。

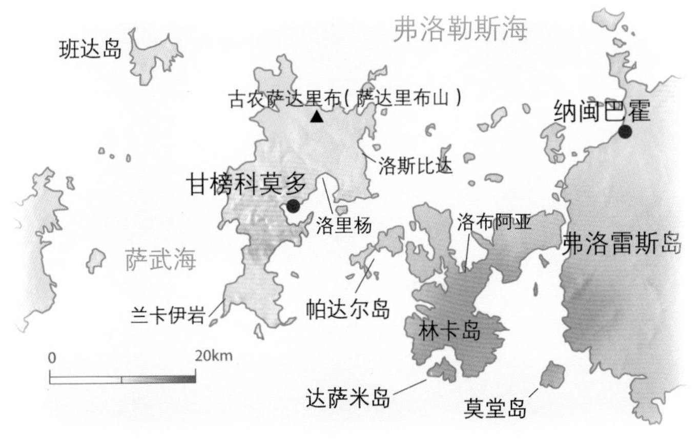

善良的大宝宝：虽然体型巨大，但海牛是非常优雅、充满好奇心的动物

与海牛相拥

佛罗里达：水晶河国家野生动物保护区

为了体验这次与众不同的跟野生动物的亲密接触，需要你除了会浮潜，还要有跟想拥抱你的友善的大型动物亲近的意愿。

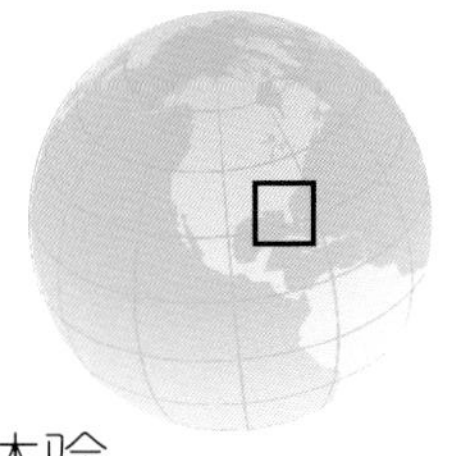

体验

The experience

体验什么？在清澈温暖的浅海中与西印度海牛一起浮潜。

到哪儿去体验？从奥兰多（Orlando）驱车两小时即到

如何体验？找一家宾馆住下，之后参加泛舟半日游（自己驾船或参加有导游的游览）。

什么东西有松弛的面颊、粗硬的胡须、又厚又富有韧性的皮肤，看起来像没牙的海象，行为上像一头住在水下的牛，还是佛罗里达州官方的海洋哺乳动物？答案是佛罗里达海牛——西印度海牛的亚种。

佛罗里达海牛的夏季活动范围非常大，从路易斯安那州近海到佛罗里达州东西海岸，直到北面的弗吉尼亚州沿海都能见到它们。但最好的观察时间是冬季，气温下降迫使它们把活动范围缩小到佛罗里达沿海某些更温暖的水域。

海牛不耐寒。尽管它们是恒温动物，但身体热量散失快，出现急冻时，它们还可能迅速死亡。因此在寒冷的季节，它们都聚集在有天然温泉的水域——特别是水晶河（Crystal River）、霍莫萨萨泉

“尽管海牛未必是世界上最漂亮的动物，但它们绝对可以入选最友善的动物之列。”

最棒的一天

与海牛一起浮潜的每一天都很快乐，但最令我难忘的是找到最完美的海牛之家的那一天。它藏身于佛罗里达州墨西哥湾沿岸霍莫萨萨河的河曲中，三面临水，有一座泳池和漂亮的木制阳光甲板。但最引人注目的还是花园里的海牛。只可惜，房子并不出售——它的主人因为太爱这些海牛了，所以无法割爱搬家。他们都是退休老人，每个房间都可以观察海牛。我经常在脑海里浮现这样的场景：一边在床上享用早餐或早间咖啡，一边看着海牛从窗边游过。

（Homosassa Springs）、蓝泉和温矿泉（Warm Mineral Spring），以及有不下 10 座电厂排出的温热废水处。每年冬天，都有数千只海牛到这些热点地区小聚：航拍显示，2002 年只有 1758 只海牛到访，但 2010 年则有 5076 只海牛蜂拥而至。

几乎到处都能见到它们，包括繁忙的游船码头附近和穿城而过的水道中，但墨西哥湾的水晶河国家野生动物保护区是公认的海牛最佳观察地。保护区面积只有 46 英亩，却是这种温和巨兽在北美最大的聚集地（一度多达 300 头）。这里的海水晶莹透彻，没有洋流，水深通常仅及腰部。

保护区地处国王湾（King's Bay），也就是水晶河的源头。每天有 6 亿加仑淡水从 30 多座天然泉中喷涌而出。水流保持 22℃恒温，最适合海牛生活。它们早晚都聚集在这些汩汩的泉水旁，中午前后四散开来，觅食可口的水生植物。

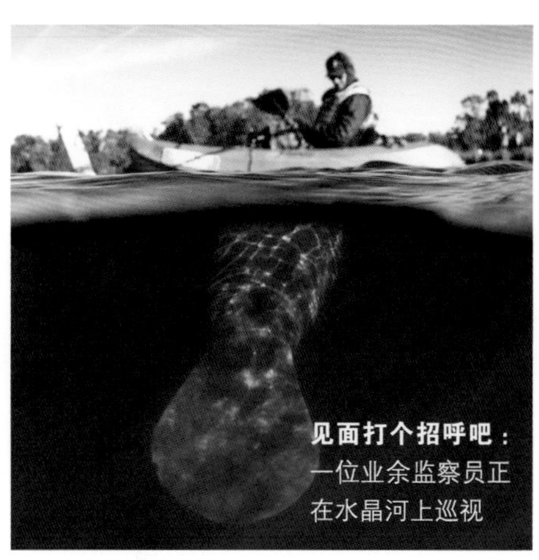

见面打个招呼吧：一位业余监察员正在水晶河上巡视

尽管海牛未必是世界上最漂亮的动物，但它们绝对可以入选最友善的动物之列。它们的好奇心非常重——浮潜者只须漂在水上，很快就有海牛过来调查一番。仅一个早晨，你就能见到 10 头甚至 50 头海牛，其中包括母海牛和刚出生不久的小海牛。我曾在 1 小时内数过超过 100 头不同的海牛。

最佳地点也意味着游客众多，因此可以考虑前往“海牛保护区”（Manatees Sanctuary Areas），那里海牛可以去，但浮潜者不可以去。即使最友好的海牛也需要休息。保护区执行船只禁入规定：许多海牛身上都有伤疤，多半是跟一直在增加的游艇碰撞而造成的。志愿监察员驾驶皮划艇进行民间巡查，而来自美国鱼类与野生生物管理局的管理人员则对海牛的生活环境进行官方的监督保护，但很难监督所有的禁入区并限制船速。

最好的观察策略是找个僻静角落，等着海牛发现你。我记得有一次听到水下传来尖厉的“吱吱”声和“叽叽喳喳”的噪音，一转身便看到一个大家伙小心翼翼地径直游来。尽管它们看上去圆滚滚的，而且相当笨重，但水下身姿却异常优美。我们一边安静地在水面漂浮，一边相互盯了好几分钟——不错眼珠地直视对方的眼睛。当我开始摆弄相机时，它似乎对我正在做的事很着迷。它优美地摆着姿势让我拍了几张照片，之后游到水面换气，便又沉到水底——竟然迅速睡着了。海牛经常这样做。它们会忽然停下正在做的事小睡一番。记得第一次看到这种情景时还以为那家伙死掉了。

海牛也有肠胃胀气的问题。它们要吃巨量植物，并且它们有后肠发酵器，会产生丰富的甲烷气。因此它们比大多数动物

物种名录

- 西印度海牛
- 宽吻海豚
- 浣熊
- 秃鹰
- 鹗
- 白尾鹞
- 条纹鹰
- 赤肩鵟
- 东美角鸮
- 大林横斑林鸮
- 美洲蛇鹈
- 双冠鸬鹚
- 橙嘴凤头燕鸥
- 环嘴鸥
- 笑鸥
- 博氏鸥
- 大蓝鹭
- 黑冠夜鹭
- 小蓝鹭
- 三色鹭
- 小绿鹭
- 大白鹭
- 雪鹭
- 美洲白鹮
- 林鹳
- 带鱼狗
- 美洲白鹈鹕
- 大海鲢

……

对上眼了：海牛喜欢相互摩擦和碰撞，且乐于和浮潜者接触

放屁多。不过对人类观察者而言，泄露天机的气泡是从水面上定位水下海牛的绝好方式。

它们喜欢身体接触，经常相互摩擦、碰撞，所以它们似乎认定浮潜者也喜欢这种吵闹的交流。一次我正给一头海牛拍照，这时另一头海牛忽然朝我游来抢先给了我一个海牛式的拥抱。它用两只鳍状肢搂住我，就好像我们要跳水下狐步舞一般。这真是一次非凡的体验——要知道这可是一个 10 英尺长、半吨重的大家伙呀！

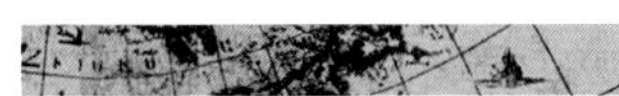

你要知道的

何时去最好？

与海牛一起浮潜的最佳季节是 12 月中旬至 3 月末，这段时间它们都聚集在温暖的水下温泉旁。一年中，这时天气舒适宜人、阳光明媚，尽管早晚冷些，但日间最高气温可达 21 ~ 23℃。海牛观察点的水温平均为 18 ~ 22℃。

规模较小的海牛群全年可见，但夏天更难一些。尽量避开喧嚣的周末和假日，此时观察点可能人满为患。最好上午观察海牛，因为下午海牛通常会分散觅食。

如何去最好？

“水晶河”小镇有居民 3539 人，从位于佛罗里达州墨西哥湾沿岸的坦帕（Tampa）和奥兰多，车程很短，这是一座自封的“海牛之家”。在一些宾馆和旅社的花园里就能见到海牛，还有许多公司开办了浮潜项目。

你还可以租条小船来趟自助游。在水晶河国家野生动物保护区内，最佳海牛观察点包括三姐妹泉（Three Sisters Spring）和国王泉（King's Spring）。沿公路下行约 10 英里的霍莫萨萨泉也是个不错的景点，而且通常游客较少——尽管交通稍有不便。所有与海牛的接触活动都要严格按照联邦指南进行，以确保给海牛带来的打扰尽可能小。

下午很难见到海牛，可以参加观鸟游，租条小船、皮划艇或者独木舟探索国王湾的鸟类世界：这里有鹗、少量秃鹰以及大量的白鹭、苍鹭、朱鹭和鹈鹕。宽吻海豚会频繁跃出水面，水边经常还能看到浣熊。

可到附近的彩虹河（Rainbow River）做一次难忘的 2 小时漂流浮潜。你在上游下水，顺流而下漂流，可以沿途欣赏鳄雀鳝（一种原始鱼类）、淡水龟和双冠鸬鹚水下捕鱼的精彩场面。

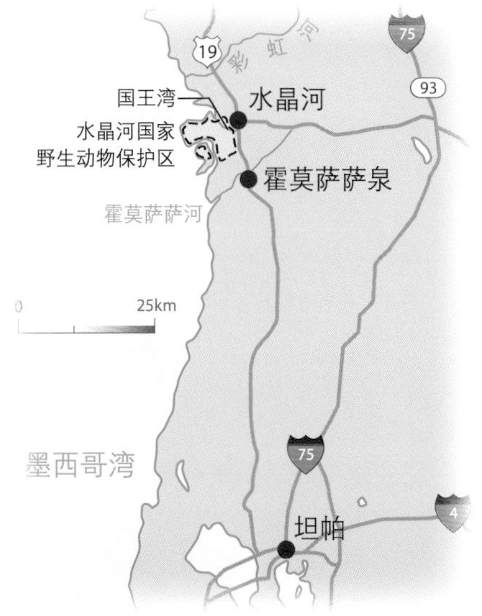

与海鸟一起翱翔

冰岛

我已经去过冰岛 70 多次——欣赏了这里所有的野生动物、震撼的美景、变幻的光线和无边的旷野，每次展现在我面前的都是一个充满魔力的世界。

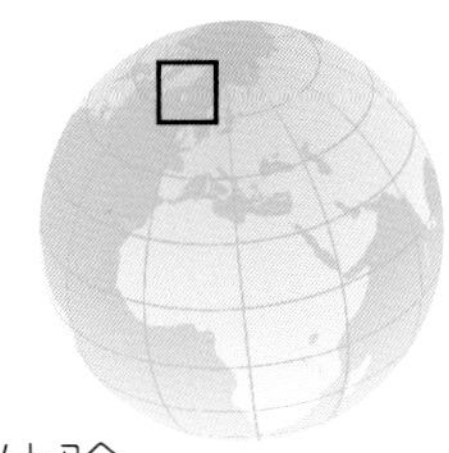

体验

The experience

体验什么？在这片冰与火的土地上生活着数量惊人的鸟类，以及鲸和其他野生动物

到哪儿去体验？冰岛——遍布各种野生动物热点地区；北极圈内荒凉的群岛，也是欧洲人口密度最小的国家

如何体验？参加自驾游或有导游的旅行团

当你即将在凯夫拉维克国际机场（Keflavik International Airport）降落时，盯着窗外黝黑的熔岩地貌、嶙峋的山坡和直插云霄的雄伟火山，恍惚间你感觉要降落到月球上了。

这壮观的场景是自然力量的杰作，大陆漂移，隆山造岭。冰岛恰好位于大西洋中脊（Mid-Atlantic Ridge）上方，后者呈东北－西南走向穿过该国，是欧亚板块和美洲板块的分割线。这种“撕扯作用”导致冰岛有着密集的火山和地热活动。也使冰岛成为地球上地质活动最活跃的地区之一。

这里还是人口密度最低的国家之一，只有 32 万人——其中三分之二住在首都雷克雅未克及附近地区。冰岛 39756 平方英里的国土面积中大部分区域杳无人烟。

但如果将这个非凡的国家描述为贫

海鹦：冰岛的象征，这里生活着大量海鹦——夏末时最多达千万只

最棒的一天

冰岛留给我如此多的纪念日，但唯有一个小时让我终生难忘。那是在午夜前，我在斯乔尔万迪湾（Skjálfandi Bay，紧贴在北极圈外）的一条小船上。海面风平浪静，太阳在地平线上徘徊，大地一片金黄，这番美景只在仲夏期间的遥远北极地区才能见到。成百上千只北极燕鸥围着小船翻飞，而海面上则有黑压压的海鹦在翱翔。我们一直在远处观察两头蓝鲸，恰好在12点时，一头小须鲸浮出水面沐浴在闪亮的午夜阳光下。

瘠、无趣则是不公平的。这里是荒野没错，因酷似月球的地貌还曾被当作美国宇航员的训练基地，但实际上这里是一块富饶、多变，与这个星球上的其他地方相比，面貌迥异的荒原。冰岛的大地上点缀着壮观的冰盖和广袤的冰川、冒着气泡的泥浆池、温泉、蒸汽袅袅的熔岩区、不时添点麻烦的活火山、白雪皑皑的山峰和轰鸣的瀑布，还有不时喷发的间歇泉，在地质学家眼中，这里就是天堂。

冰岛的野生生物也异乎寻常的丰富。最大看点是数种鲸、海鸟和五彩缤纷的野花。不过灰海豹、普通海豹、北极狐、从挪威引入的驯鹿等物种也值得一看。

鸟儿飞呀飞

冰岛有记录的鸟类将近400种，尽管其中有很多鸟种只出现过一次，而另一些仅有区区百次记录。其中只有77种鸟被认为是在此正常繁殖的鸟种。

那为什么冰岛还会成为让观鸟客魂牵梦萦的地方呢？首先，这里有标志性鸟类，比如矛隼、巴氏鹊鸭和丑鸭。其次，繁殖鸟类异常丰富。冰岛广大的海鸟聚集地，特别是拉特拉尔角（Látrabjarg）、哈恩角（Hornbjarg）、海拉威库角（Hælavíkurbjarg）和西人群岛（Westman Islands）上的那些聚集地是全球最令人印象深刻的地方。

这里最著名的物种叫北极海鹦，是冰岛的象征，再没有地方比这里适合观察这种富有喜感的鸟了。北极海鹦的繁殖种群数量约在300万对左右（夏末时总种群数量会超过1000万只），所以想不见都难。可以考虑在8月下半月时，访问西人群岛的黑迈岛（Heimaey），观看当地孩子表演的“海鹦巡逻”活动。他们漫步街头拯救那些飞离巢穴并紧急降落在城镇里的海鹦雏鸟。放飞雏鸟最多的孩子将荣膺年度“海鹦雏鸟王”的称号。

其他繁殖种群规模特别大的物种还包括普通海鸦和厚嘴崖海鸦、海雀、暴雪鹱、三趾鸥、北鲣鸟、大贼鸥和北极燕鸥。冰岛还是欧洲最大的白腰叉尾海燕聚集地、全世界粉脚雁的主要聚集地，而且欧洲绒鸭有三分之一在冰岛。

鲸与豚

自1992年，首次商业观鲸游在东南部小城霍芬（Höfn）启动以来，冰岛已成为全球观鲸者的圣地。冰岛各地都有观鲸游经营者，他们主要集中在胡萨维克（Hüsavik）和雷克雅未克（Reykjavik）。放眼全球，有多少国家的首都能让你获得真正的观鲸体验呢？

引人注目的是，在这里你能真正见到

物种名录

- 海鹦
- 厚嘴崖海鸦
- 普通海鸦
- 白翅斑海鸽
- 海雀
- 北极燕鸥
- 北鲣鸟
- 矛隼
- 白尾海雕
- 丑鸭
- 巴氏鹊鸭
- 蓝鲸
- 座头鲸
- 小须鲸
- 逆戟鲸
- 白喙斑纹海豚
- 港湾鼠海豚

……

观鸟大餐：在观鸟者的眼中，冰岛有一些标志性鸟类，比如异常美丽的丑鸭

左：格里姆塞岛（Grimsey Island）位于冰岛最北端；北极燕鸥和银鸥是两个本地鸟种

“据估计有 100 多万只（一说 200 万只）鸟将巢穴筑在拉特拉尔角——冰岛最大的鸟类聚集悬崖。”

种类丰富的动物。所有行程中都会见到小须鲸，座头鲸、逆戟鲸、白喙斑纹海豚和港湾鼠海豚也很常见。冰岛是欧洲唯一一处——也是全球仅有几处中的一处——可以相对容易地看到蓝鲸的地方。

不过能把观鲸者吸引到冰岛来，与这里壮丽的自然景观不无关系。在午夜橙色阳光下见到小须鲸，在白雪皑皑的山峰下观察逆戟鲸，在北极圈的冰雪世界中与蓝鲸比肩前进，试问在哪里能有这样的待遇呢?

下：米湖地区栖息着 16 种鸭科动物；红脚鹬也喜欢在这片水域嬉戏

但冰岛依然在捕鲸……

冰岛竟然还在捕鲸? 面对这种可怕消息的第一反应，肯定是彻底摒弃这个国家。但抵制旅游将会损害其蓬勃发展的观鲸产业，而后者是长期解决鲸类生存问题的最佳方案，让人们看到鲜活的巨人比累累白骨更有价值。你应该抵制的是那些售卖鲸肉的餐馆——如此众多的游客“只是尝一次”便会让餐馆保住不少于 40% 的市场。

想去哪儿，跟我来吧！

冰岛有很多野生动物热点地区。下面列几个我最爱的供你参考：

埃尔德岛

埃尔德岛（Eldey Island）距冰岛西南端海岸线仅 9 英里，岛上险峻的悬崖高达 250 英尺。别看它只是一个弹丸之地，但却是全球最大的鲣鸟聚集地之一——约有 16000 对。这里也是世界上最后两种大海雀曾经栖息的地方。登陆埃尔德岛是违法的，但有可能安排从雷克珍半岛（Reykjanes Peninsula）出发的小船观光。这么多年来，我曾与蓝鲸、鳁鲸、小须鲸、座头鲸和逆戟鲸有过非常近距离的遭遇。

米湖

米湖（Lake Myvatn）位于冰岛东北部，湖面上星星点点地漂浮着绿色的小岛，周围是类似月貌的景观。以冰岛标准来看，这里堪称植被茂盛。湖不大，驾车绕湖一周只需 1 小时，但想完整探索这里却需数天。

有 16 种在此筑巢的鸭科动物——比欧洲其他地方都多——而且这里是红色系列鸟类的栖息地，例如矛隼、丑鸭、巴氏鹊鸭、异常温顺的红颈瓣蹼鹬等。但要注意：“米湖”在冰岛语中是“蚊蠓之湖”的意思——在夏季的特定时间段，蚊虫会密集聚集，从远处看，就像冒着黑烟的高塔。

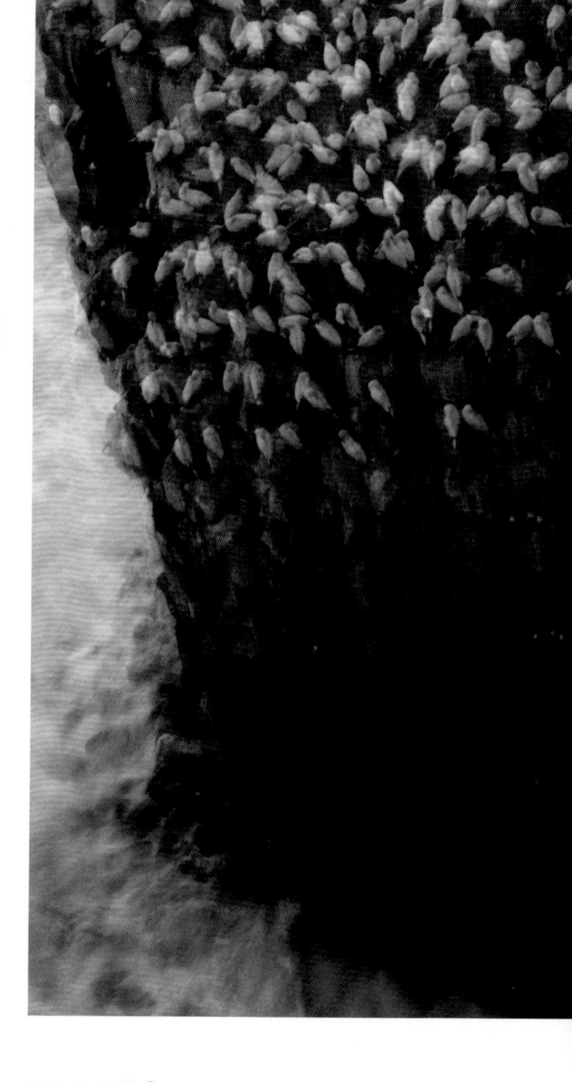

西人群岛

西人群岛在冰岛南部海岸线外侧，是由火山岛组成的小岛群。西人群岛是全球最大的海鹦聚集地。这里还生活着数量惊人的其他海鸟，是冰岛唯一的大西洋鸌繁殖地；初夏晚上，大量海鸟聚集在近海地区。这些小岛还是观察逆戟鲸的好地方。

拉特拉尔角

冰岛最大的鸟类悬崖——也是北大西洋上最大的——大约有 9 英里长，最高点约 1500 英尺高。约有超过 100 万只（一

悬崖奇观：北鲣鸟聚集在郎加内斯半岛（Langanes Peninsula）的悬崖上

说 200 万只）鸟将巢穴筑在冰岛最西北端的拉特拉尔角，包括三趾鸥、暴雪鹱、海鹦、普通海鸦、厚嘴崖海鸦和白翅斑海鸽。这里还是世界上最大的成片海雀聚集地。

格里姆塞岛

格里姆塞岛正好在北极圈上，是冰岛的最北端。这座小岛上的人类居民不到 100 人，而海鸟则有数十万只。北极燕鸥、海鹦、海雀、普通海鸦、厚嘴崖海鸦和白翅斑海鸽都很常见。我在岸上还见到了蓝鲸、长须鲸、座头鲸和小须鲸。

胡萨维克

这座奇巧有趣的冰岛东北部小镇，有风景如画的海港和远处皑皑的雪峰。但这里以观鲸最为著名。到了夏季，参加斯乔尔万迪湾 3 小时游览行程便有机会见到座头鲸、小须鲸、白喙斑纹海豚和港湾鼠海豚。6 月和 7 月初，在许多旅程中还可能遇到蓝鲸。长须鲸、鳁鲸、逆戟鲸、长肢领航鲸和其他鲸类也会偶尔现身。胡萨维克鲸博物馆也非常值得参观。

你要知道的

何时去最好?

最好是 5 月末到 8 月末，此时日照时间长，气候也更宜人。筑巢季节始于 5 月初，6 月达到顶峰，进入 7 月逐渐减少。6 月中旬至 8 月最适合赏花；如果你确实想深入无人居住的内陆考察，则不要把行程安排在 7 月中旬之前。大部分鲸类动物整个夏季都能见到，但 6 月和 7 月初遇到蓝鲸的可能性最大。另外，本地还有全年开展的有趣活动：冬季探险游，可以观赏逆戟鲸和北极光。

如何去最好?

有各种以冰岛的自然历史为主题的旅行活动。大部分活动集中在海滨和适合短途游的内陆，不过一些汽车游会穿越中部高原，需乘坐经特殊改装的四驱高底盘大客车或“超级吉普”。

若是自助游，首先飞抵距雷克雅未克 45 分钟车程的凯夫拉维克国际机场，之后租辆或带着自己的车乘轮渡。在冰岛开车很容易，雷克雅未克城外的交通流量很小。1 号公路是冰岛的环岛公路，总长约 850 英里，道路标志清楚，基本上是柏油碎石路面（尚有少部分路段未铺设），以安排一到两周的探险为宜。大部分野生动物热点地区都在公路沿线，许多支线道路都是砾石路面，因此行程会慢一些。

某些地点需要借助轮渡和短线航班到达，比如格里姆塞岛和西人群岛。城乡间有公交服务，还有各种从雷克雅未克出发的一日游线路。然而若要脱离常规道路与野生动物做高质量的亲密接触，开车出游是最好的选择。

冰岛的接待水准通常很高，各种设施齐全，包括官方宿营地。提前预订很重要。

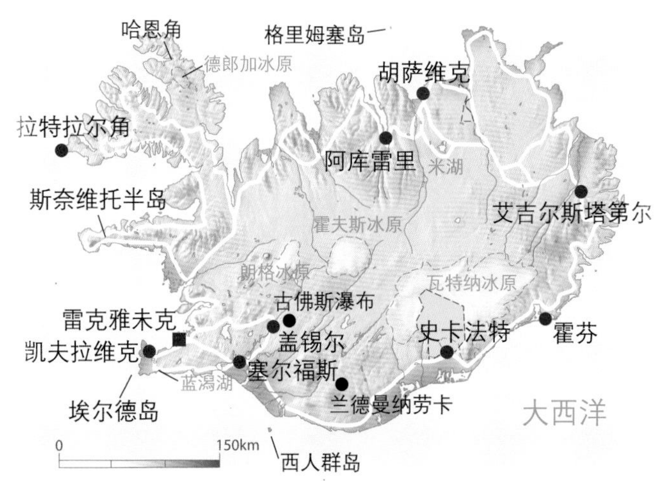

与狐猴一起跳跃

马达加斯加

你不能说“马达加斯加与某某地相像”之类的话，原因很简单，它不像。在这颗星球上，没有任何一个地方能与这片迷人的野生动物仙境相媲美。

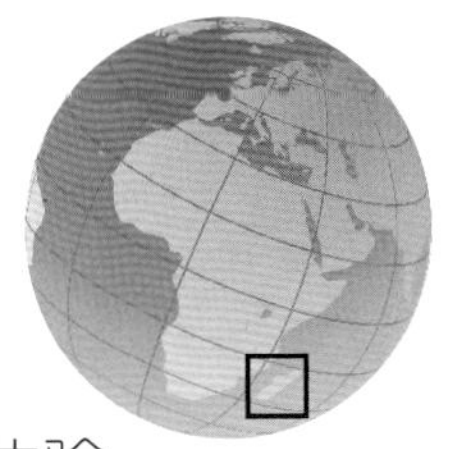

体验

The experience

体验什么？ 精彩得让人目瞪口呆，绝无仅有的奇异野生动物

到哪儿去体验？ 印度洋上的马达加斯加岛

如何体验？ 先飞到首都安塔那那利佛，再转乘小飞机、小船、四驱越野车或徒步旅行

马达加斯加兼具东南亚和非洲的特点，其独特、完美的迷人之处会让你死心塌地地爱上这里。不光是我，任何到过这里的人都有这样的感觉。

大约1.6亿年前，当马达加斯加决定脱离古老的冈瓦纳大陆时，不经意间做了一次极好的战术性漂移。这座新岛与法国国土面积相当，在南部非洲的外海安顿下来之前向东移动了数百英里。当智人出现在世界的其他地方时，这里正进行着完全独立的进化。当所有那些留在非洲大陆上不太走运的动物，比如猴子、狮子和啄木鸟，最终面临不断的竞争时，马达加斯加岛上的居民则在独享这座世界第四大岛。

对从冈瓦纳古陆分离出来的马达加斯加岛的探访，简直像在另一座星球登陆。

预兆不详？ 时至今日，这种挑战审美观的指猴依然被一些当地人视为邪恶的征兆

上：猴面包树小径旁巨大的猴面包树

右：环尾狐猴是马达加斯加众多必看的哺乳动物之一

这里的一些动植物似乎有点眼熟，例如，它们看起来像猴子、刺猬和麝猫，而实际上它们是狐猴、马岛猬和马岛麝猫。究其原因，相对于世界其他地方，马达加斯加岛上的进化过程采取了不同的方式。

从野生动物的角度看，这正是马达加斯加岛如此令人兴奋、如此刺激，也如此重要的原因：事实上，生活在这里的任何生物，在世界其他地方都找不到。有超过80%的野生动物栖息在1000英里长的岛上——包括每一种陆生哺乳动物——这就是独特的马达加斯加岛。

遗憾的是，自从不到2000年前人类登上马达加斯加岛，与鸵鸟相仿的巨大的隆鸟、马岛食蚁兽、侏儒河马、跟人差不多高的巨型狐猴以及很多其他与众不同的野生动物便都消失了。仅在最近的20年里，随着人口数量翻番，毁灭行动仍在继续——更糟的是，曾经为马岛穿上绿色保护服的森林消失得更快，它们被砍伐、焚烧，以便腾出足够的空间进行农业活动。

不过即使这样，马达加斯加岛依然充满了丰富的野生动物。当之无愧的明星是狐猴，当然还有不少于100种已被确认的不同物种。除临近的科摩罗群岛（Comorous Islands）少量引进了猫鼬和黑狐猴种群外，它们在世界其他地方均未见踪影。从袖珍的世界上最小的灵长类动物倭狐猴到大型的马达加斯加巨狐猴，它们的体形相差悬殊。

在人人想见的物种名单上还有两种值得一提：环尾狐猴和指猴。独特的黑白相间的毛皮，毛绒玩具般的手感，还有憨态可掬的体态，这一切都让环尾狐猴成为极具观赏性的动物。而指猴则十分怪诞——甚至可以归入地球上最奇异、最神秘也最招人喜爱的动物之列。

但不管你在岛上追寻的是狐猴还是其他独特的哺乳动物，从马岛獴到马岛猬，或者五彩缤纷的地方鸟种、爬行动物和昆虫，马达加斯加都绝不会让你失望。

以下是一些我最爱的观察点（参考马岛地图逆时针排序）：

安达西贝－曼塔迪亚国家公园

安达西贝－曼塔迪亚国家公园（Andasibe–Mantadia）是最方便前往参观的公园——从首都出发驱车向东4小时——也是最受欢迎的公园之一。它由两座难以置信的成片雨林构成：安纳拉马祖安塔特别保护区（Analamazoatra Special Reserve）——它的另一个名字佩里内（Périnet）更为出名，和较少有人前往的曼塔迪亚国家公园（Mantadia National Park）。这里是观察马达加斯加巨狐猴的热点地区——两个已与人类相熟的巨狐猴群——

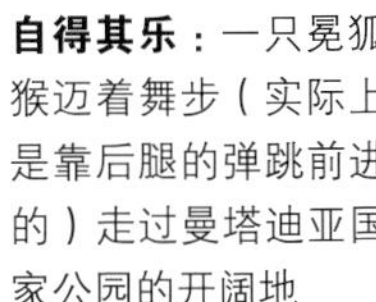

自得其乐：一只冕狐猴迈着舞步（实际上是靠后腿的弹跳前进的）走过曼塔迪亚国家公园的开阔地

下：一位研究人员在奇灵地森林抱着一只马岛仓鼠；努济马盖比岛宁静的海滨；奇灵地森林里的一只伯特狐猴（倭狐猴属），世界上最小的灵长类动物

物种名录

- 指猴
- 马达加斯加巨狐猴
- 环尾狐猴
- 伯特狐猴
- 棕鼠狐猴
- 灰鼠狐猴
- 灰褐倭狐猴
- 大竹狐猴
- 白脚鼬狐猴
- 叉斑鼠狐猴
- 冕狐猴
- 科氏倭狐猴
- 维氏冕狐猴
- 红额狐猴
- 白面褐狐猴
- 黑白领狐猴
- 红领狐猴
- 马岛獴
- 马岛麝猫
- 马岛仓鼠
- 大马岛猬
- 马岛果蝠
- 座头鲸
- 马岛小鸦鹃
- 红胸马岛鹃
- 科氏马岛鹃
- 白头钩嘴
- 马岛蛇雕
- 马岛鬣鹰
- 蛛网陆龟
- 豹斑避役
- 侏儒变色龙
- 扁尾叶蜥
- 马岛蟒蛇
- 绿背曼蛙
- 猴面包树

……

“仅在几天的行程里便有可能见到多达十余种不同的狐猴；借此机会还可以参加一次精彩的观鸟行动。”

右：一只黑白领狐猴站在努济马盖比岛（Nosy Mangabé）丛林的树杈上回眸一望

下：豹纹变色龙可以长到 50 厘米长；侏儒变色龙是世界上最小的变色龙

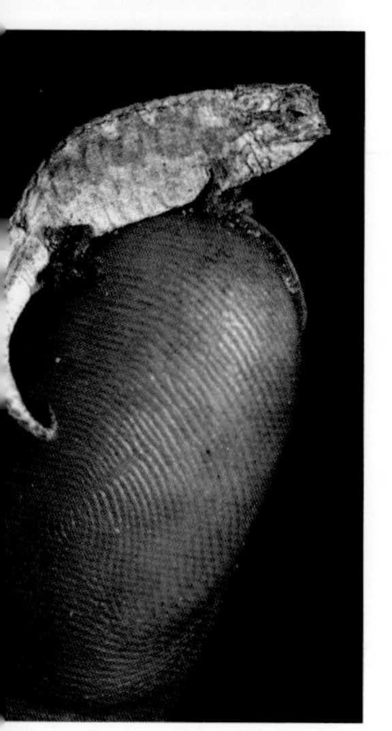

并且景色宜人。但仅在几天的行程里便有可能见到多达十余种不同狐猴。例如，最能让你如愿的是冕狐猴和黑白领狐猴，而且如果你运气好的话，还能捕捉到世界上最珍稀的狐猴之一大竹狐猴的倩影。借此机会你还能实施一次漂亮的观鸟行动，可以观察到各种爬行动物和两栖动物。

沃卡纳森林旅社（Vakona Forest Lodge）拥有自己的“狐猴岛”，岛上有很多狐猴，值得一看。这里还是摄影爱好者的好去处，你能拍到冕狐猴在路上跳舞、黑白领狐猴从你手上取食、灰竹狐猴在林间荡来荡去，还有褐狐猴爬到你的头上的精彩画面。

公园门口有好几家宾馆和旅社。公园全年开放，但最佳参观时间是 4 月、5 月、9 月和 10 月。

指猴岛（罗杰岛）

几年前，有一些指猴被引进马纳纳拉河畔（Mananara River）的罗杰岛（Îlo Roger）。这座面积 75 英亩的小岛目前已成为马达加斯加观赏指猴的最佳地点（尽管严格地说，它们算不上真正的野生指猴）。从马纳纳拉（Mananara）城郊的码头乘船，只需很短的时间便可以到达这座小岛。在导游的带领下，沿着破损的小路穿过一片次生林（这里曾经是一座椰树、香蕉树和荔枝树的种植园），就到达了指猴最喜欢的树林，之后要耐心等待直到夜幕降临。每天晚上，在火把光线的映照下，很容易看到它们。被引进到小岛上的其他狐猴还有马佐拉毛狐猴、白额褐狐猴和东部灰竹狐猴。

陆路很难通到马纳纳拉，但那里有机场，可以从马鲁安采特拉（Maroantsetra）或图阿马西纳（Toamasina）乘飞机前往。就在机场旁有一家很可爱的简陋旅馆。尽量避开 1 月到 3 月潮湿的气旋季节。

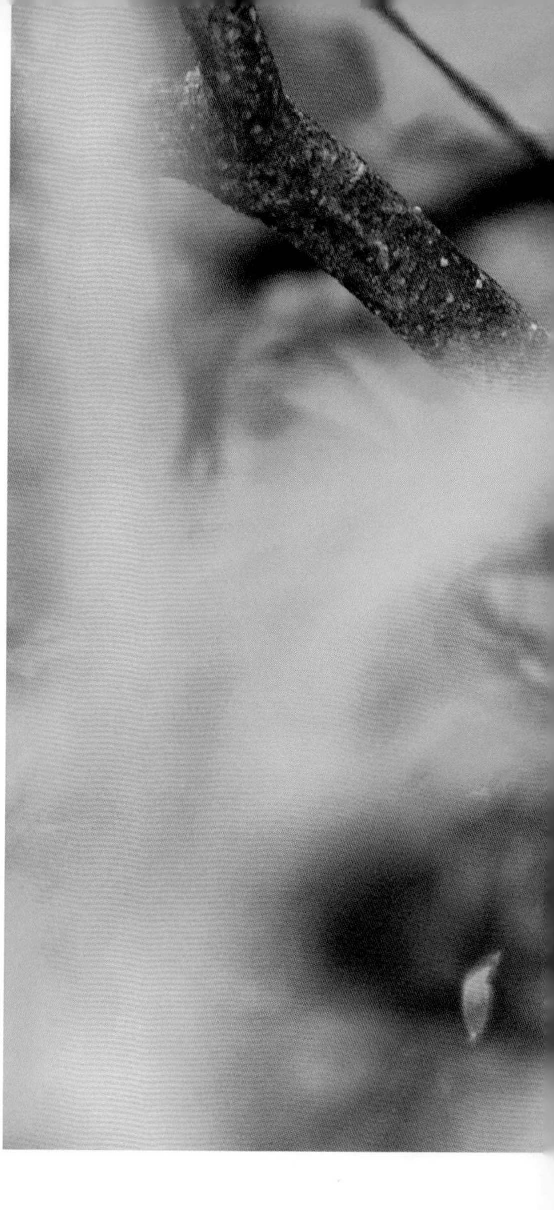

努济马盖比特别保护区

这座充满田园风光的热带岛屿距离东北部海岸的安通吉尔湾（Antongil Bay）不远，原来人们一直以为这里是世界上最后可以找到指猴的地方（尽管后来人们在非洲大陆的其他地方也发现了指猴）。直到现在，这里仍是最有希望见到指猴的。如果你此前曾踏足过荒岛的话，那么这里会给你同样的感觉。美丽的沙湾、跌水洞穴、茂密的树林、巨大的板状根，再加上绞杀榕和兰花，从海平面到 1100 英尺高的山峰，整座岛屿都被低地森林盖得严严实实。这里绝对是野生动物的大本营：白额褐狐猴、黑白领狐猴、棕鼠狐猴、大马岛猬、豹纹变色龙、叶尾壁虎、马达加斯加树蚺、攀树彩蛙，多得数不胜数。这里还是变色龙珍稀品种的天堂——侏儒变色龙，世界上最小的变色龙之一。到了 7 月至 9 月间，在此地的湾区还能见到繁殖期的座头鲸。

从马鲁安采特拉登上一条小船（取决于船的状况），通常需要 30 ~ 40 分钟。你可以参加一日游，但不要漏掉这个美丽的地方，请注意只有在这里过夜才能见到指猴和更多野生动物。沙滩后面有一处舒适的营地和有顶帐篷平台。同样提醒你，尽

最棒的一天

我永远忘不了在安达西贝－曼塔迪亚国家公园的那个早晨。5点钟时，我被一阵怪异的哭号声惊醒，声音很大，像消防警报。这是与众不同的黎明大合唱——这种具有地方特色的叫声来自长着泰迪熊脸庞的巨狐猴，也叫马达加斯加巨狐猴。我懵懵懂懂地跳下床，吓得心脏怦怦狂跳。我摸黑穿好衣服，早上剩下的时间便是跟着它们翻过松软湿润、长满植被的陡峭山坡。这是一群狐猴的幼崽在叫，我至今记忆犹新。当它们像悠悠球一样从一个枝头跳到另一个枝头时，洋溢着发自内心的欢乐——我无法用语言描述出它们那种娇小可爱的样子——大大的眼睛里充满了好奇。

量避开1月到3月潮湿的气旋季节。

马佐拉国家公园

马佐拉国家公园（Masaola National Park）位于马岛东北部海岸，是马达加斯加最大的保护区。这里有广大的低地森林、红树林沼泽地和40平方英里的海岸保护区。马佐拉特别适合观察红领狐猴、白额褐狐猴和喜欢夜游的叉斑鼠狐猴，也有可能见到西部灰驯狐猴、马佐拉毛狐猴、毛耳鼠狐猴、纯色獴、灰鹦、黑头鹰嘴鹦、马岛蛇雕、马岛草鸮、棕叶变色龙和几种壁虎（马达加斯加金粉守宫、马加日行守宫和叶尾壁虎）等更多动物。在7月至9月间，还会有繁殖期的座头鲸在安通吉尔湾游弋。

有两条路线前往公园：从马鲁安采特拉乘船或从安达拉哈（Antalaha）乘汽车。在海岸保护区内还有一些不错的浮潜点，可以乘皮划艇去体验。半岛上还有些很好的宿营地，在附近村庄里有简单的接待设施。这个地区是马岛最潮湿的地方，全年多雨，尽量避开每年1月到3月的气旋季节，最好的到访时间是9月到12月。

安卡拉那特别保护区

安卡拉那特别保护区（Ankarana Special Reserve）是全球灵长类动物密度最大的地区之一。这里发现的灵长类动物有：冠美狐猴、桑氏狐猴、安卡纳拉鼬狐猴、北倭狐猴和琥珀山叉斑鼠狐猴。这里也是观察马岛獴、马岛麝猫和大马岛猬及豹纹变色龙和白唇变色龙的好去处。该保护区靠近一处石灰岩断层，以其令人印象深刻且难

“在博兰蒂私人保护区，最难错过的就是环尾狐猴——甚至亲密接触都不是奢望。”

以超越的喀斯特尖峰景观闻名，在当地语言中称为“清吉”（Tsingy）。在一条将近100英里长的地下河和洞穴水系中栖息着马达加斯加最大的鳗鱼、一种其他地方见不到的盲虾和尼罗鳄。

只能在旱季（5月到11月）前往安卡拉那。你需要租辆四驱车才能到那里，从安齐拉纳纳（Antsiranana）——又名迪耶果苏瓦雷斯（Diego Suarez）——出发，或者徒步前往。在马哈马秦那（Mahamasina）可以找到接待设施，当然你也可以在保护区内扎营。旅行的最佳时间是从4月末至11月，也是该地区的旱季。

下：是猫还是獴？在奇灵地森林中发现的马岛獴（Fosa）到底如何分类曾经困扰了生物学家好多年

奇灵地森林保护区

奇灵地森林（Kirindy Forest）保护区位于马达加斯加岛西部，是一片干燥的落叶林地，它不像某些东部雨林那样丰饶，但这里同样生活着大量的地方性和濒危的动物。

奇灵地是观察马岛獴的最佳地点，马岛獴是马达加斯加最大的食肉动物；它看上去像美洲狮和猫鼬的混种，实际上它更像一只埃及神猫的雕像，没有什么别的动物比它更像的了。这里也是维氏冕狐猴的热点地区——这些黑脸、乳白色毛皮的狐猴很常见，有时它们会沿着地面用后腿跳着走路。这里是世界上唯一能见到伯特狐猴的地方，它是全球最小的灵长类动物。这里还是马岛仓鼠的唯一栖息地，马岛仓鼠的体形与一只小猫差不多，看上去像一只长着马头的老鼠。但上述野生动物只不过是冰山一角——奇灵地还有很多其他野生动物。大部分是夜行性动物，因此你要做好举着火把熬夜出游的准备（这里可能是马达加斯加岛上最佳的夜行性动物观察地）。

去往保护区的道路崎岖不平，从穆隆达瓦（Morondava）驱车需要3小时车程。保护区内有几座简陋的小屋，一座集体宿舍和一套基本的宿营设施。总体来说，这里观察野生动物的最佳时间是10月至次年4月，这时正好是雨季，10月相对干燥些，但在雨季的其他时间里，道路状况可能会非常糟糕——尤其是1月中旬至3月末——而从11月开始天气又变得非常热。

在前往保护区的路上，不要忘了中途停下来参观一下著名的猴面包树小径（Baobab Alley）——由巨大的猴面包树形成的两条漂亮的平行线。它们外形迥异——树干粗大，看起来像巨大的基安蒂葡萄酒酒瓶，树枝稀疏、杂乱扭曲、短而粗。

博兰蒂私人保护区

博兰蒂私人保护区（Berenty Private Reserve）不大，但因可以见到友善的环尾

请跟我来：敏捷的博兰蒂环尾狐猴总是充满力量

狐猴而出名，也是马达加斯加岛上观察这种动物的最佳地点。该保护区坐落于曼德拉雷河（Mandrare River）河畔，生长着大片天然走廊林和半干旱棘刺林，但保护区周围是巨大的剑麻种植园。这是一处稍稍有些离奇的地方，大红的沙石路，白色的围栏，还有那种你在切希尔海滩（Chesil Beach）才能期望见到的小木屋。由于有了舒适的旅社和纵横的道路、交错的林间小道，所以到这里旅行也容易许多。在这里，最难错过的便是环尾狐猴——甚至亲密接触都不是奢望。这里同样也是观察维氏冕狐猴（欣赏它们在开阔地上“跳着舞走路”）、红额狐猴、白脚鼬狐猴、灰鼠狐猴、灰褐倭狐猴、马岛果蝠和射纹龟及蛛网陆龟的好地方。

博兰蒂位于马岛的南端，如果从港城多凡堡（Fort Dauphin）驱车前往需要2 ~ 3小时的车程，这条路风大、坑洼遍地、颠簸不平，在这条路上行驶不如说成是障碍滑雪更为恰当。在保护区内，博兰蒂旅社（Berenty Lodge）是唯一可以住宿的地方。保护区常年开放，不过环尾狐猴的繁殖期是在9月或10月（旱季即将结束的时候）；幼崽在2月或3月断奶。极端炎热的旱季是从11月至次年2月。

你要知道的

何时去最好?

11月至次年3月是酷热潮湿的夏季；4月至10月是凉爽、干燥的冬季（在中央高原和首都地区，晚上非常冷）。不过，降雨量随年份不同和地区不同差异巨大。通常，旅游的最好时间是4月到11月初（因地区而不同，请参考热点地区的文字说明）。避开8月和圣诞节，届时会出现旅游高峰。最糟糕的时间是1月中旬至3月，肆虐的雨水让一些道路完全无法通行，而且东部和东北部地区气旋活动频繁。

如何去最好?

经巴黎、约翰内斯堡、内罗毕、毛里求斯或东南亚的几个城市乘飞机前往塔那那利佛（Antanarivo）。有许多不同的线路可以探索这个国家。有豪华宾馆供那些追求物质享受的人士入住；或者你可以参加游船旅游，避开陆地旅行的辛苦。除此之外，这里还有大量由自然学家带队、组织的旅游团，入住条件说得过去的宾馆或营地。独自旅行也很方便，借助著名的“丛林出租车”（译者注：Brousse，音译“布鲁斯”，是一种小公共汽车或是改装的厢式货车）可以到达很多地方（在路况更糟的地区，还有一种“丛林拖拉机”）。在马达加斯加岛仍有可能开展真正的探险活动，离开常规路线去冒险并不难。

在马岛旅行通常涉及多种交通工具：定期航班或包机、各种船只、四驱越野车，或长途汽车。在许多地区，所谓的道路可能具有挑战性而且行进速度很慢。马岛有少量铁路线路，以货运为主。在马岛东海岸菲亚纳兰楚阿（Fianarantsoa）和马纳卡拉（Manalara）之间的铁路是唯一定期载客的铁路线。在岛上的很多地方，你还有机会体验潜水、划皮划艇、骑自行车和攀岩。

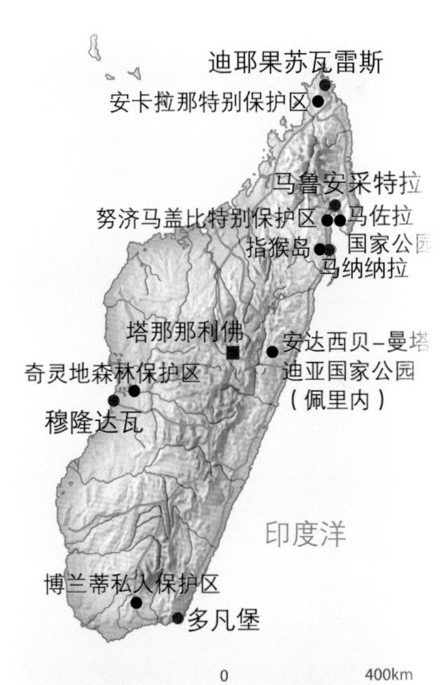

请务必记住马达加斯加这个国家效率低下。但它自有其迷人之处，你只须摆正心态尽情享受即可。

嗡嗡声是我发出来的：蜂鸟每秒振翅可达 70 次

随蜂鸟一起悬停

亚利桑那州：华初卡山

我整天与千奇百怪的动物世界打交道，但这些表现非凡、快节奏生活的小鸟却总是让我魂牵梦萦。

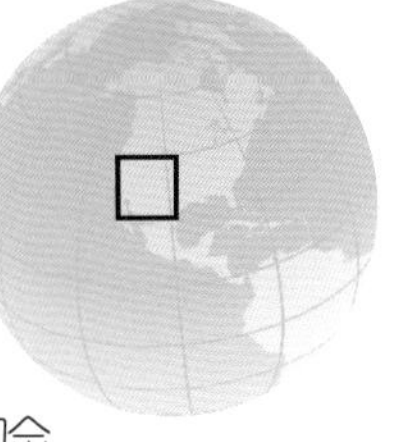

体验

The experience

体验什么？多达 15 种令人着迷的蜂鸟

到哪儿去体验？亚利桑那州东南部的高山里，靠近墨西哥边境

如何体验？在一些花草或者糖水喂食器旁悄悄坐下，之后就等着奇迹发生吧

在整个美洲大陆共有 330 种蜂鸟。越靠近赤道，遇到的蜂鸟种类就越多，在已知的蜂鸟中，有一半生活在赤道横贯全境的厄瓜多尔。虽然北美洲的蜂鸟种类不是最多的，但较之世界其他地方，你在这里依然有更多机会观察这些引人注目的小精灵。

热点地区位于美国西南部，大体在从德克萨斯州西部穿过新墨西哥州的南部一直到亚利桑那州南部的美墨边境沿线。在这个地区，似乎每隔一两座住宅，便会有糖水喂食器（译者注：sugar-water feeder，看上去像倒置的果酱瓶）挂在门廊或后院里。特别是在亚利桑那州东南部的大山或沙漠里，若安排一周的时间观鸟，就有可能见到多达 15 种蜂鸟——比美国其他地区的机会要多得多。在此地发现的蜂鸟品

“蜂鸟悬停在我面前——我能感觉到它们的翅膀轻拂着我的面颊；忽然，一只蜂鸟将它的喙部伸进了我的嘴里喝起水来。”

最棒的一天

这是我这辈子第一次涂化妆品——更别说鲜红的唇膏了——看起来像《热情如火》(Some Like It Hot)里的杰克·莱蒙(Jack Lemmon)。在围观观众的怂恿下，我朝着天空努起我那靓丽的嘴唇。我们的计划是让蜂鸟误以为那是它们最爱的储满蜜汁的花朵，为了以防万一，我还含了一口甜水。只一会儿工夫，便有几只蜂鸟悬停在我面前，我能感觉到它们的翅膀轻拂着我的面颊。忽然，一只蜂鸟将它的喙部伸进了我的嘴里喝起水来。这是迄今为止我与野生动物最最亲密的接触。

种中，几乎有一半属于珍稀品种，或者在该国的其他地区未有目击报告。

其中一处最佳观鸟点在亚利桑那州东南部的比蒂度假牧场（Beatty's Guest Ranch），它位于5800英尺高的山上，距离墨西哥边境仅几英里远，在此可以很清楚地看到下面的山谷和沙漠。根据亚利桑那州东南部鸟类观察站（Southern Arizona Bird Observatory）统计，这里是全州最火的蜂鸟观察点。入住森林边舒适的乡村小屋，在卧室窗外便可以看到蜂鸟。

我永远忘不了到达牧场的第一天早上。我拉开窗帘，视野之中到处是蜂鸟。大部分时间它们都抖动着模糊的身形，像蜜蜂一样飞快地在窗前翻飞。有时它们会在糖水喂食器前停下来饮水，或在上面休息，或像技术高超的直升机飞行员那样以完美的精准度悬停在空中。我在早餐前便

已经见到了不少于11种蜂鸟，包括黑颏北蜂鸟、大蜂鸟、蓝喉宝石蜂鸟和宽尾煌蜂鸟。不过在这座牧场里见到全部15种蜂鸟也是有可能的，包括罕见的白耳蜂鸟、瑰丽蜂鸟和绿蜂鸟等。春天时会有成千上万的蜂鸟来到这座牧场并一直待到夏天，还有很多蜂鸟会在迁徙途中在此逗留。

有几十个蜂鸟喂食器挂在树上、灌木丛中、围栏上和建筑物下，里面装满了按比例配制的糖水（1份白糖兑4份水），这个比例与花蜜中的天然糖分比例保持一致。牧场主人坚持每天加满喂食器，这样一年下来消耗的白糖也很惊人，有1100磅（将近500千克）之巨，想象一下，装在2磅的食品袋里也有550袋了。

蜂鸟的翅振频率居所有鸟类之冠（大部分品种的北美蜂鸟每秒振翅高达70次），而且可以在空中不间断悬停长达1小时，所以它需要连续补充能量。这就是它们喝掉巨量高能蜂蜜和糖水的原因。它们终生生活在紧张不安的状态之下，永远徘徊在距离下一餐饭最近的地方。

非专业人士很难讲出不同品种蜂鸟间的差别。问题在于蜂鸟就是鸟类世界里的变色龙，实际上，它们在你的眼前就会改变色彩。它们在与太阳做相对运动时，羽毛的闪亮度、荧光色彩似乎会出现明暗变化。

例如，你迎面见到一只火红色的棕煌蜂鸟，可它一转身，就变成了橙色、黄色、微黑棕色，最终变成绿色。改变外表是有生物学意义的，如果一只雄蜂鸟想向一只雌蜂鸟示爱，它会展示自己最好的一面；但如果它希望在捕食者面前脱身，它只须转过身去便会迅速消失于绿叶之中。

在蜂鸟转身遁形前，在匆忙中试着准确判断出它的种类也是充满乐趣的事。然而鸟类专家可以闭着眼识别出蜂鸟的品

物种名录

- 安氏蜂鸟
- 科氏蜂鸟
- 黑颏北蜂鸟
- 阔嘴蜂鸟
- 蓝喉宝石蜂鸟
- 大蜂鸟
- 棕煌蜂鸟
- 瑰丽蜂鸟
- 紫冠蜂鸟
- 绿蜂鸟
- 宽尾煌蜂鸟
- 白耳蜂鸟
- 艾氏煌蜂鸟
- 星蜂鸟
- 纯顶星喉蜂鸟

……

身份识别：它们的荧光羽翼一直在变换色彩，让人们很难把不同种类的蜂鸟区别开来。这是一只阔嘴蜂鸟；而对面那只颜色相仿的蜂鸟叫黑颏北蜂鸟。

种——仅凭它们振翅时所发出的与众不同的细微的声音做出判断。例如，宽尾煌蜂鸟振翅时会发出类似金属的颤音，雄性黑颏北蜂鸟发出沉闷、单调的呜呜声。

来到牧场的游客会一个小时接一个小时地坐在那里，兴奋地欣赏数十只、有时是数百只具有超凡魅力的小鸟聚集在人们为它们准备好的食物前。这是一次特别的——富有启迪的——体验。如果你像我这样把它们想象成童话故事中随和的小叮当，会是什么感觉，试试看吧！其实它们远不是人们想象的那么甜蜜与光明，如果说它们是微型战斗机飞行员可能更贴切：一个个小日本武士一边争吵一边意志坚定地把它们的竞争者从最喜爱的花朵或喂食器旁赶走。人们甚至知道，它们在偶尔发脾气的时候还会攻击体形更大的鸟类。

正如亚利桑那州东南部鸟类观察站的一位研究人员所指出的：如果蜂鸟长得像乌鸦那么大，没有人敢放心大胆地走在树林里。

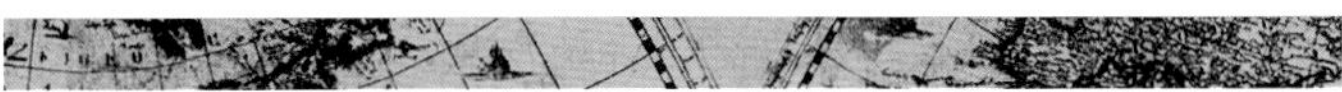

你要知道的

何时去最好?

少量蜂鸟常年栖息在亚利桑那州东南部，但大多数蜂鸟会在初春来到这里一直待到秋初，届时它们要继续南飞到温暖的地方过冬。在当地鸟类爱好者看来，最好的时间是4月末至7月底，但在4月~5月和8月~9月，鸟群数量会随迁徙者和流浪者的加入而显著增加。通常8月时数量和种类双双达到顶峰。珍稀的艾氏煌蜂鸟在7月最常见，而纯顶星喉蜂鸟更多是在6月至8月现身。

蜂鸟在北美其他热点地区出现的季节有所不同：墨西哥湾沿岸的最佳时间在8月和9月，11月至2月末；沿落基山脉的迁徙路径是从3月到9月，最佳时段是7月和8月；太平洋沿岸的迁徙路径可以细分一下，海滨地区是2月中旬到4月末，而沿岸平原和山区是6月到9月末；大西洋沿岸的迁徙路径是7月末到9月初；密西西比河沿岸的迁徙路径是7月到9月。

如何去最好?

每年有成千上万的蜂鸟聚集到谢拉维斯塔（Sierra Vista）附近的比蒂米勒峡谷度假牧场（Beatty's Miller Canyon Guest Ranch）。牧场内设有带喂食器的出租屋，但帐篷营地和宿营车场地有限。牧场欢迎一日游游客（有访问限制），收费很低。

本地区其他不错的观鸟点还有：艾什峡谷（Ash Canyon），在米勒峡谷南面；佩顿蜂鸟乐园（Paton's Hummingbird Haven），紧挨巴塔哥尼亚——索诺伊塔河保护区（Patagonia-Sonoita Creek Preserve），是美国境内观赏紫冠蜂鸟最可靠的地点；马德拉峡谷（Madera Canyon）的桑塔丽塔旅社（Santa Rita Lodge），周末游客较多；马德拉峡谷的马德拉久保小屋（Madera Kubo Cabins），也是全美最佳火领丽唐纳雀观赏地；奇里卡瓦山脉（Chiricahua Mountains）的洞溪峡谷（Cave Creek Canyon）在波特尔（Portal）附近，可以看到穴鸮和叉角羚；还有拉姆齐峡谷保护区（Ramsey Canyon Preserve）。

比斯比（Bisbee）的亚利桑那州东南部鸟类观察站长期从事蜂鸟研究，允许游客前往参观捕获、系环、称重、测量和放飞蜂鸟的专业程序，或志愿加入蜂鸟监控网络（The Hummingbird Monitoring Network）。

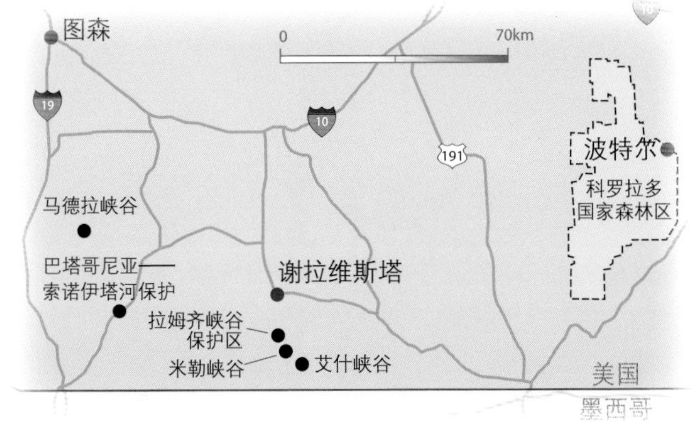

最愚蠢的举动——数企鹅跟海豹

南冰洋：南乔治亚岛

5000 万只海鸟和 500 多万只海豹将一座与埃塞克斯郡面积相当的小岛塞得满满当当，人们用什么样的语言去形容遥远而美丽的南乔治亚岛都不为过。

"王者之师"：谁能告诉我在南乔治亚岛的这片海滩上有多少只帝企鹅？

体验
The experience

体验什么？混入这个星球上一些最大的野生动物聚集群落中

到哪儿去体验？沙克尔顿曾经登岛求援的这座亚南极岛屿

如何体验？乘一条有破冰能力的游船体验一次舒适的探险游

在浩瀚的南冰洋上，南乔治亚岛只是一个小黑点而已，无论按照哪个标准，它都很遥远。南乔治亚岛与南极大陆、南美洲和非洲的距离依次是约 930 英里、1300 英里和 2980 英里，离设得兰群岛也有 870 英里。

严格地说，南乔治亚岛是一座亚南极岛屿。但这里严酷的气候、崎岖的山地地形，异常丰富的海豹、企鹅和海燕资源——以及遭受极锋（Polar Front）的横扫——都有鲜明的南极特征。这里从来不缺猛烈而莫测的暴风雪，从来不缺滔天巨浪，它的空灵之美也从不缺乏震撼力。白雪皑皑的陡峭山脉像一条巨龙的脊梁沿着南乔治亚岛纵向延伸，主峰高达 9626 英尺；刀劈斧砍般的悬崖从高处垂直入海；终年不化的冰雪覆盖了岛上一半多的土

上：你永远不会忘记南乔治亚岛留给你的第一印象；黑眉信天翁和其他海鸟追着你的船上下翻飞；在密集的野生动物中为苏地亚橡皮艇找停靠的地方，可能都是你要面对的挑战

地；岛屿周围被高低错落的一系列小岛礁环绕；岛上没有树木。

虽然在伯德岛（Bird Island，属于南乔治亚岛）和古利德维肯（Grytviken，该地区唯一真正的拓居地）有英国南极调查局的小型科考队，但南乔治亚岛上没有常住人口。然而人们在谈到这块土地时总是怀有一种难以描述的情愫，也许是因为它承载了一段充满暴力、毁灭、贪婪、冒险、勇气和牺牲的非凡历史。

第一个登岛的人是詹姆斯·库克船长（Captain James Cook），1775 年 1 月 17 日，他宣布南乔治亚岛为英国领土并以英王乔治三世的名字命名。库克根本不喜欢这座岛。他说，南乔治亚岛“命中注定是一片永久的严寒之地：永远感受不到阳光的温暖；而它恐怖与野蛮的样子我却无法言表”。

但他返航时却带回了“海豹多得不计其数”的见闻——并引发捕猎海豹的人蜂拥而至，他们疯狂地剥取毛皮海豹的皮并炼制象海豹油。大量动物被捕杀，到 20 世纪 30 年代，只有区区数百只海豹幸存。令人欣慰的是，在之后的数十年间，它们的数量得到惊人恢复。很遗憾，同样的情形并未发生在鲸的身上。在 1904 年至 1965 年间，南乔治亚岛附近海域有多达 175250 头鲸遭到屠戮。这之后，因幸存海豹寥寥无几，也间接导致捕鲸业衰落。1909 年，一头巨型雌性蓝鲸在古利德维肯搁浅，经测量体长达 110 英尺 2 英寸（约 33.6 米），这是人类有记载以来最大的动物。

有一个人总是与南乔治亚岛有着无法割舍的联系，当然，他就是欧内斯特·沙克尔顿。他于 1914 年 11 月首次驾驶“坚忍号”访问南乔治亚岛，彼时他正准备实施首次横跨南极大陆的探险。这是一个著名的传奇故事——他的探险船在浮冰中被毁，为了求援，他于 1916 年 5 月与弗兰克·沃斯利和汤姆·克林等人一起驾驶小船“詹姆斯·凯尔德号”回到南乔治亚岛，并凭借坚定的信念完成首次穿越南乔治亚岛行动。1922 年 1 月 5 日，在另一次探险中，就在刚刚到达南乔治亚岛后不久，沙克尔顿因心脏病突发去世。按照他的遗愿，他被安葬在古利德维肯的捕鲸人墓园里。

南乔治亚岛的野生动物

但大多数人前往南乔治亚岛都是去观赏野生动物的。这座小岛面积不大，它长 106 英里，岛中部宽 19 英里，是这个星球上野生动物最密集的地区。周边海域多产磷虾、乌贼、鱼类和其他海洋生物，它们为企鹅、信天翁、海豹、鲸及所有其他处于食物链高端的动物提供极为丰富的食物。

南乔治亚岛有 5000 多万只处于繁殖期的海鸟和 500 多万只海豹，这些数字很说

这是我的地盘：南极毛皮海豹主宰了南乔治亚岛的海滩，它们会毫不犹豫地驱赶人类入侵者

物种名录

- 南露脊鲸
- 座头鲸
- 长须鲸
- 小须鲸
- 抹香鲸
- 虎鲸
- 长肢领航鲸
- 大西洋斑纹海豚
- 南象海豹
- 南极毛皮海豹
- 威德尔海豹
- 帝企鹅
- 马可罗尼企鹅
- 帽带企鹅
- 巴布亚企鹅
- 漂泊信天翁
- 黑眉信天翁
- 灰背信天翁
- 灰头信天翁
- 鸽锯鹱
- 仙锯鹱
- 黄蹼洋海燕
- 黑腹舰海燕
- 鹈燕
- 白颏风鹱
- 南乔治亚鹈燕
- 北方巨鹱
- 巨鹱
- 花斑鹱
- 雪鹱
- 蓝鹱
- 白鞘嘴鸥
- 棕贼鸥
- 黑背鸥
- 南极燕鸥
- 南乔治亚鸬鹚
- 南乔治亚针尾鸭
- 南极鹨

……

“南乔治亚岛面积不大，它长 106 英里，宽不超过 19 英里，是这个星球上野生动物最密集的地区。”

右：南乔治亚岛生活着 50 万只南象海豹，这只南象海豹正在安然小憩；古利德维肯及废弃的捕鲸站；在南乔治亚岛周边海域，仅在 60 年间便有多达 175250 头鲸遭到屠戮

下：传奇探险家、冒险家欧内斯特·沙克尔顿爵士的墓碑

明问题。这其中有 2200 万只鸽锯鹱，多达 800 万只鹈燕，数百万只马可罗尼企鹅和 200 万只白颏风鹱。南乔治亚岛也是其他海鸟极为重要的繁殖地。全球五分之一的漂泊信天翁——约 1500 对——将巢筑在该岛附近。欣赏这种拥有世界上最长翼展的鸟的壮观求偶表演是令人终生难以忘怀的经历。不过由于深受延绳捕鱼的影响，信天翁的数量在全球范围内出现下降，繁殖地比以往冷清了不少。

这里甚至拥有世界上最靠南的雀形目鸟——南极鹨——在世界其他地方未有目击报告。黄嘴鸭的亚种南乔治亚针尾鸭也是地方性物种。

南乔治亚岛本地没有陆地哺乳动物，不过在 1911 年至 1925 年期间，有人从挪威引入了约 20 只驯鹿，它们在缺少捕食者的情况下生存了下来，目前驯鹿的数量超过了 3000 只。

但南乔治亚岛的海豹数量绝对多得超乎想象。这里是不少于 450 万只南极毛皮海豹（占全世界同类物种种群数量的 90%）和超过 50 万只南象海豹（占全世界同类物种种群数量的 50%）的繁殖地。一些毛皮海豹的繁殖海滩非常拥挤，以至于不可能在绝对安全且不严重打扰它们的情形下登陆：这块地盘的雄海豹会一阵疯咬，毫不犹豫地将人类入侵者赶走。但你可以躲在苏地亚橡皮艇上安全地观察它们，或者采取其他方式，小心地穿过海豹群。象海豹更好相处一些，但同样让我们印象深刻。观看雄象海豹——世界上最大的海豹——为了争抢后宫佳丽大打出手，也是激动人心的野生动物奇观，并且十分紧张，充满了戏剧性。

到处都是野生动物，所以不要奢望“蓦然回首，那人却在灯火阑珊处”的感觉，这里的大部分动物只是呆呆地站在那里——或者走过来瞧你一眼。

南乔治亚岛没有让你失望的地方，但还是可以挑出几个我最爱的热点地区的（从北到南一一介绍）：

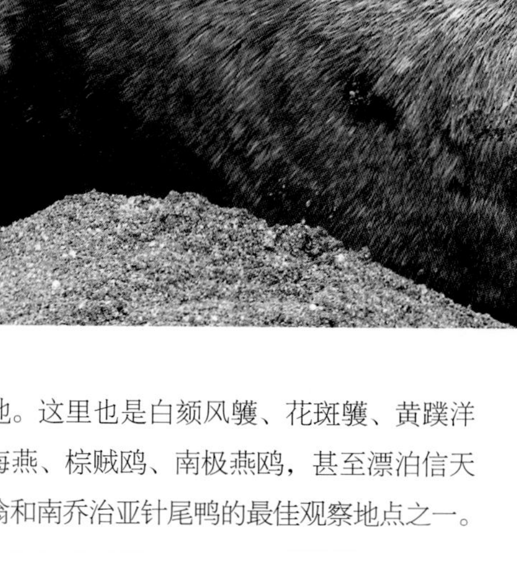

埃尔森赫湾

埃尔森赫湾（Elsehul）位于南乔治亚岛最西北端，是一个风景秀丽的小海湾，这里栖息着异常丰富的野生动物，也非常适合苏地亚橡皮艇的巡游方式。11 月至次年 1 月末，生活在这里的毛皮海豹数量几乎比南乔治亚岛其他地方都多，海滩上挤成一锅粥，想在此登陆比登天还难。这里也适合观察象海豹，尤其是旺季之初。

埃尔森赫湾是两种企鹅（马可罗尼企鹅和巴布亚企鹅——另外还有一群正在换羽的帝企鹅）、三种信天翁（黑眉、灰头和灰背）和巨鹱、蓝眼鸬鹚及鞘嘴鸥的繁殖地。这里也是白颏风鹱、花斑鹱、黄蹼洋海燕、棕贼鸥、南极燕鸥，甚至漂泊信天翁和南乔治亚针尾鸭的最佳观察地点之一。

普里昂岛

普里昂岛（Prion Island）是漂泊信天翁的重要繁殖地。在一个典型年份，有几十对这种靓丽的大鸟将巢筑在这座只有不到半英里长的小岛上。这里还是观察南极鹨的最佳地点之一，整个岛上都能见到它们。这里有大量处于繁殖期的鹈燕、白颏风鹱、巨鹱、北方巨鹱和鸽锯鹱。灰背信

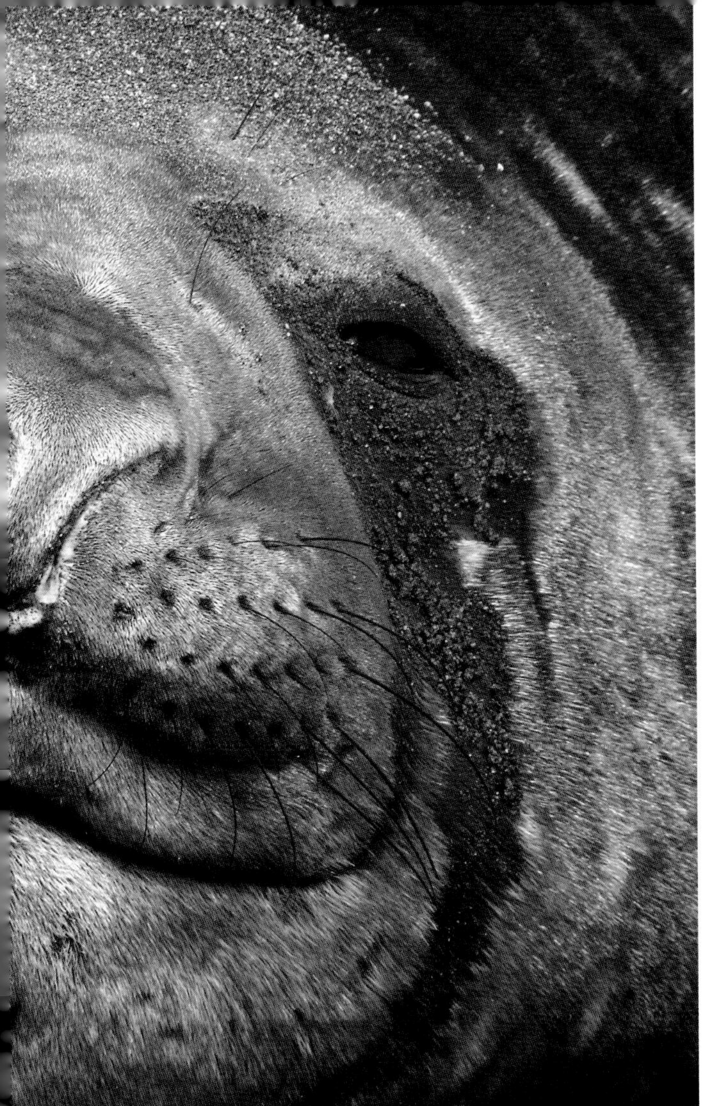

最棒的一天

我永远不会忘记第一次看到南乔治亚岛时，它带来的视觉冲击：白雪皑皑的山峰直插云霄。信天翁、海燕、海鸥和鹱形目鸟类围着我们的船上下翻飞，还有4种企鹅跟着船蹦蹦跳跳。一只象海豹突然探出水面，充满好奇地看着新来的访客，有一些毛皮海豹跃出水面之后又潜入水下。我们经过一座扁平状的大冰山，当乌云升起并在我面前呈现见所未见、令人惊叹的景象时，我的心中充满了敬畏。我立刻就醒悟到，这里将成为我最喜欢的世界性景点之一。

天翁和南乔治亚针尾鸭也在此繁殖。

象海豹同样在该岛繁殖，但从 11 月至次年 1 月，主登陆海滩都被繁殖期的毛皮海豹占据了。

赫拉克勒斯湾

赫拉克勒斯湾（Hercules Bay）是在南乔治亚岛上观察马可罗尼企鹅最好的地方之一。乘坐苏地亚橡皮艇沿着海岸巡游非常有趣，还可以欣赏优美的景色。这座美丽的小海湾以挪威人的捕鲸船“赫拉克勒斯号”命名，这里也是灰背信天翁、白颏风鹱、巨鹱和蓝眼鸬鹚的家园。碎石海滩被象海豹和毛皮海豹挤得严严实实，有时也会出现小群的驯鹿。

斯特罗姆内斯湾

斯特罗姆内斯湾（Stromness Harbour）不仅是一个历史景点，还住着驯鹿、象海豹和巴布亚企鹅等野生动物。1916 年，沙克尔顿、沃斯利和克林等人驾驶“詹姆斯·凯尔德号”经过艰难的海上行程，就是在这里走进了现已废弃的捕鲸站。直到 1961 年之前，这里还是一座重要的捕鲸基地。

这里之所以成为观察毛皮海豹幼崽的好地方，是因为在 1 月和 2 月时，会有数百只毛皮海豹聚集在河口的浅水区嬉戏。另有数百只象海豹在此繁殖、换毛。这里也是最好的驯鹿观察地之一，有时你能见到它们在捕鲸站的建筑间游荡。附近有几处巴布亚企鹅的小型聚集地，而在捕鲸站后面的山里有一处南极燕鸥的大型聚集地。你可以体验从福尔图那湾（Fortuna Bay）到斯特罗姆内斯湾的徒步旅行，这条路线就是所谓的“沙克尔顿步道”（Shackleton Walk），你将有机会重温当年沙克尔顿、沃斯利和克林完成拯救使命的最后一段行程，

“这种超凡的壮观景致所传递的色彩、声音、气味和骚动让你时刻体验感官超载带来的震撼。”

虽然只有短短 4 英里，但山坡陡峭、山路湿滑，非常难走，所以它是“勇敢者的游戏”，不属于胆小懦弱的人。

古利德维肯

古利德维肯身处壮观的人类活动场景中，并以南乔治亚岛特有的雪山和冰川作为壮美的背景，使其成为南乔治亚岛人气最旺的地方，并且值得参观的景点众多——废弃的捕鲸站、精彩的南乔治亚岛博物馆、捕鲸人教堂，还有欧内斯特·沙克尔顿的墓穴。

这里还是观察野生动物的好地方。南乔治亚针尾鸭是此地的明星物种，但周围的群山也是诸多种类海鸟繁殖的理想家园。这里生活着黄蹼洋海燕、白颏风鹱、黑腹舰海燕、南乔治亚鹈燕、灰背信天翁、巨鹱、黑背鸥和南极燕鸥等海鸟，其中很多鸟类黄昏时分才能见到。帝企鹅庄严地站在那里消磨时间，当然，换羽是其中一项工作，举目四望，整片海滩上都是象海豹和毛皮海豹。

下：你应该与帝企鹅保持距离，告诉它们你不想招惹它们

圣安德鲁斯湾

圣安德鲁斯湾（St. Andrew’s Bay）是南乔治亚岛的必访之处，是真正的秀场。远处是巍峨的群山，近处的海滩上挤满了帝企鹅，它们都让你惊叹不已。这种超凡的壮观景致所传递的色彩、声音、气味和骚动让你时刻体验感官超载带来的震撼。它们是那么势不可挡，尤其是在和煦的春日里，找一处安静的地方坐下来慢慢欣赏吧！

这里是帝企鹅重要的繁殖点。岛上约有高达 50 万对繁殖企鹅，分布在 34 处不同的聚集地，其中圣安德鲁斯湾的规模最大，超过 15 万对。这里还是至少 6000 只南象海豹的家——比岛上其他海滩都多——在 10 月至 11 月间分布在各处。

帝企鹅的繁殖周期长达 18 个月，因此各种栖息地终年“鸟满为患”。在一天之内常可以看到它们繁殖过程的各个阶段——成年企鹅有的在孵蛋，有的在喂食不同年龄段的小企鹅及嗷嗷待哺的企鹅宝宝。

帝企鹅的另一个重要观察点是索尔兹伯里平原（Salisbury Plain），这里是第二大聚集地，至少生活着 6 万对帝企鹅。在换羽期，曾有报告称在这片黑沙海滩上一次见到了多达 25 万只帝企鹅。

由于圣安德鲁斯和索尔兹伯里两地海浪很大，所以在这两处登陆非常困难，并且来此旅游还有赖于海况和天气状况。

黄金湾

人们普遍认为黄金湾（Gold Harbour）

王者的节日：圣安德鲁斯湾类似鸟类的格拉斯顿伯里[①]，有 15 万对企鹅在此繁殖

① 译者注：格拉斯顿伯里（Glastonbury），位于英格兰西南部，传说亚瑟王与巨人曾在此激战。

是南乔治亚岛最美丽的地方之一——当然是有事实依据的——黄金湾栖息着数量可观的帝企鹅（约 25000 对）、巴布亚企鹅、棕贼鸥、巨鹱、象海豹和少量无处不在的毛皮海豹。在黄金湾背后的群山里有一处巨大的南极燕鸥聚集地，还有少量灰背信天翁在附近悬崖上繁殖。这里还是观察斑海豹的理想之地，它们有时会到附近的海面上猎杀企鹅。单以风景来说，黄金湾也不是浪得虚名——这里有连绵曲折的海滩、群山和冰川，尤其是黎明时分，景色更加壮丽——喷薄而出的阳光让港湾披上了金灿灿的色彩，也让黄金湾的名字有了沉甸甸的感觉。

拉森湾

拉森湾（Larsen Harbour）是威德尔海豹在南乔治亚岛唯一的繁殖地。只有几十只处于繁殖期的雌性海豹，而且到 11 月中旬的时候会更加分散，整个夏天，你不时可以看到单独的威德尔海豹出现。

拉森湾也是雪鹱的主要繁殖地之一，它们将巢筑在周围的悬崖上和大山里，可以看到它们和花斑鹱一起飞翔的场景。但这里还有很多其他野生动物，包括南极燕鸥、南乔治亚鹨燕、黄蹼洋海燕、鸽锯鹱和蓝眼鸬鹚。甚至还能见到少量的南极鹨。

你要知道的

何时去最好?

南乔治亚岛适合旅游的季节是从 10 月至次年 2 月，正是南半球的春季和夏季。此时气温通常在 0℃到 10℃之间波动，但可能相当温暖或相当冷。旅游季的初期适合观赏原始的冰雪奇观。雄性象海豹从 8 月末便开始大打出手并一直持续到 11 月中旬；9 月和 10 月，雌性象海豹都来到岸边生产；旅游季剩下的时间里，它们会待在陆地上换毛，幼崽先换，之后依次是成年的雌、雄海豹。毛皮海豹在 11 月末至 12 月末产崽；雄性毛皮海豹会在 1 月中旬离开；在剩下的时间里，雌性海豹会断断续续地过来查看幼崽。自始至终都可以看到帝企鹅及它们的繁殖活动。马可罗尼企鹅在 10 月末到达南乔治亚岛，一个月后产蛋，从 12 月末开始喂养幼鸟。漂泊信天翁也是到处可见并全年繁殖幼鸟；其他信天翁在 9 月末和 10 月抵达，从 1 月初开始喂养幼鸟。

如何去最好?

探险船从阿根廷南部的乌斯怀亚出发，行程包括南极半岛和福克兰群岛，并在南乔治亚岛逗留几日。有专门探访南乔治亚岛的旅行线路，经常是从福克兰群岛出发，航程只有 2 到 3 天。游客不得在岛上过夜。某些地区禁止通行，其中包括几个小岛群：库珀岛（Cooper Island），在主岛的东南方向；安年科夫岛（Annenkov Island），在主岛的南面；伯德岛，在主岛的西北方向。

南乔治亚岛南部海岸面迎盛行西风，比较荒凉。北部海岸更温和一些，有许多安全的锚地。北部海岸线上，约有 40 个观察点可供游客参观，包括：埃尔森赫湾、索尔兹伯里平原、爱德华七世角（King Edward Point）、普里昂岛、奥拉夫王子港（Prince Olav Harbour）、福尔图那湾、赫拉克勒斯湾、利斯湾（Leith Harbour）、斯特罗姆内斯、胡萨维克（Husvik）、德里加尔斯基峡湾（Drygalski Fjord）、迈维肯湾（Maiviken）、古利德维肯、卵石湾（Cobblers Cove）、戈德苏尔湾（Godthul）、海洋港（Ocean Harbour）、圣安德鲁斯湾、毛奇港（Moltke Harbour）、维尔角（Will Point）、黄金湾和拉森湾。

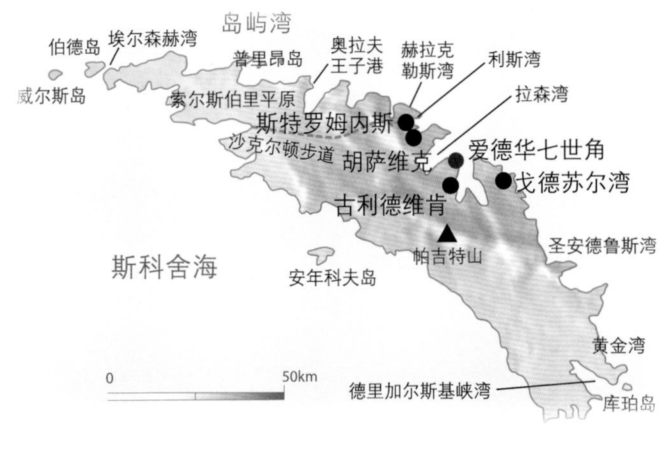

武士：印度犀牛身披灰色铠甲，颇有史前动物的气质

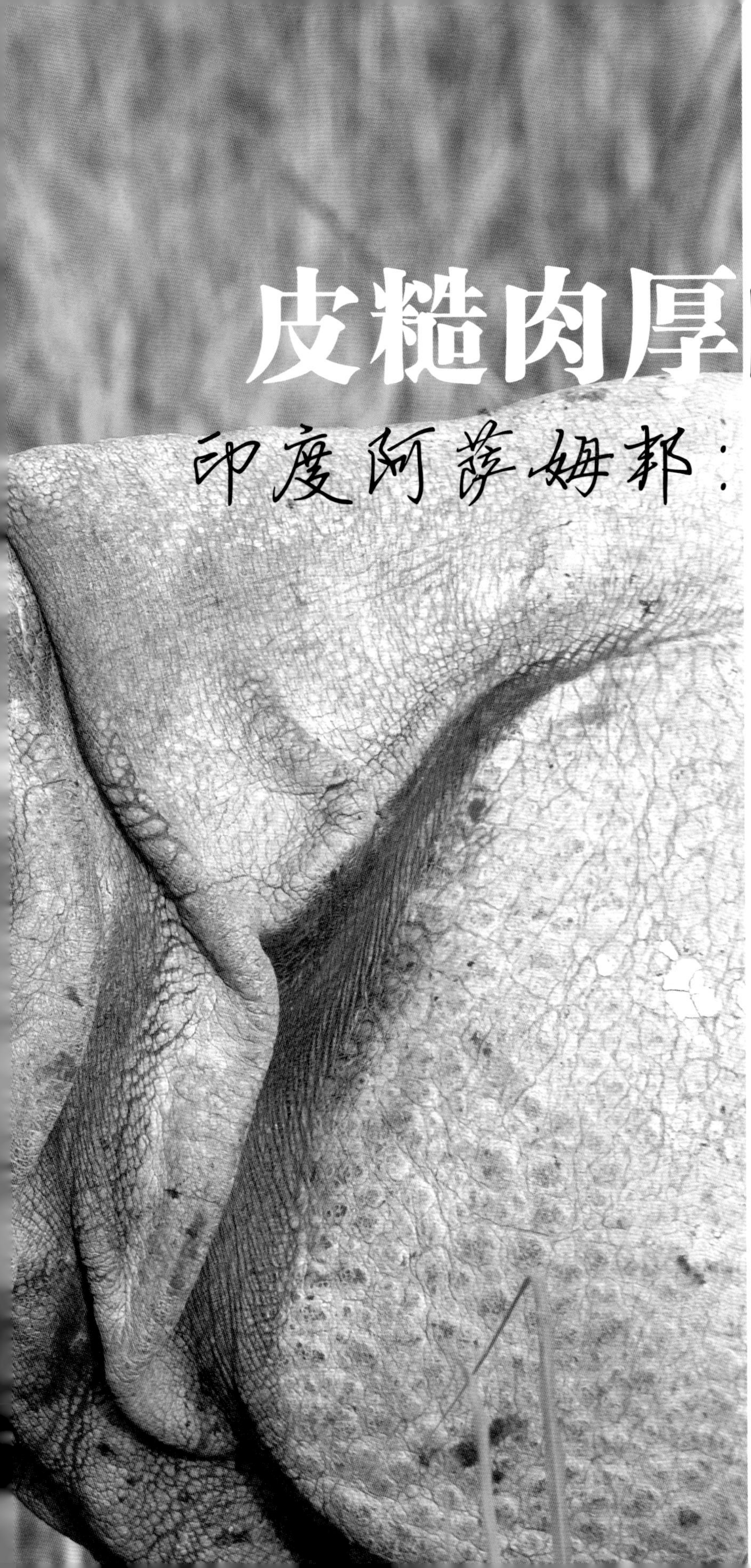

皮糙肉厚的家伙们

印度阿萨姆邦：加济兰加国家公园

有很多特别棒的地方可以看犀牛，但像加济兰加这样富有魅力的观察点并不多，这里犀牛数量多，好接近。

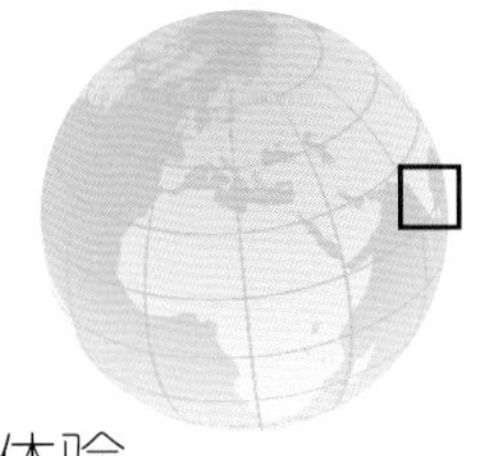

体验
The experience

体验什么？靠近些，与印度犀牛和亚洲象做个亲密接触

到哪儿去体验？阿萨姆邦最早的国家公园，布拉马普特拉河河岸边（在中国境内称雅鲁藏布江）

如何体验？乘吉普车或骑在象背上巡游

加济兰加国家公园（Kaziranga National Park）在印度东北部边陲一隅，夹在缅甸和不丹之间，是全球最大的野生动物栖息地之一。它是一个美丽的公园，与远处云雾笼罩的喜马拉雅山对比鲜明，这里有种类繁多的濒危野生动物，从印度懒熊和戴帽叶猴到豹和印度境内唯一的猿——西部白眉长臂猿，不胜枚举。

这里是广袤的荒野，面积超过 165 平方英里，象草可以长到 20 英尺高，是独具魅力的动物栖息地。这里还有森林、芦苇荡、沼泽和浅水塘等混合生态环境。

国家公园位于布拉马普特拉河（Brahmaputra River）南岸，受季节性洪水侵扰：在雨季降水最丰沛的阶段，尤其是

最棒的一天

在加济兰加访问的几周里我一直参加反盗猎巡逻，但临走前终于得到一个空闲的早晨，于是加入了一次象背旅行，最后看看这座公园。当我们慢腾腾地走进高高的草丛时，周围的一切便被笼罩在魔幻般的晨间薄雾中。我们发现了老虎的脚印，见到了一头水牛和一些大象，并从几头犀牛的身边走过，之后偶然发现了一对犀牛母子在泥塘里打滚。旅行的压轴戏是返程途中绕道古瓦哈蒂并在卡西河（Kulsi River）探访我最爱的恒河豚。在一天之内能见到这么多濒危动物真是非常幸运。

在 7 月、8 月和 9 月初，河水漫过堤岸，公园 90% 的土地被淹没。野生动物为求生存退却到米吉尔丘陵（Mikir Hills）或卡拉比高原（Karbi Plateau）等地势较高的地方。

加济兰加真正值得夸耀的是它的厚皮动物：尤其是印度犀牛和亚洲象。这里还是印度最重要的老虎大本营之一。

1905 年，加济兰加设立保护区之初，印度犀牛的数量已经降到历史最低点——仅剩下十几头。但密集的保护措施扭转了颓势，1966 年开展首次正式普查时，种群数量已恢复到 366 头。此后这个数字又增长了 5 倍（2009 年，在最近一次普查时达到 2048 头），而这一戏剧性的恢复被广泛地作为全世界动物保护巨大成功的范例之一。

恢复过程其实很艰难——在过去的一个世纪里，有超过 700 头犀牛被偷猎者捕杀。尽管偷猎行为已得到控制，但依然严峻，需要持续遏制偷猎者的嚣张气焰。

惊人的是，全球 70% 的印度犀牛栖息在加济兰加，这里对这个物种的生存至关重要。在这个相对安全的动物天堂之外，印度其他 6 个保护区内也生活着少量印度犀牛，另外在尼泊尔还有大约 530 头印度犀牛。

毫无疑问，加济兰加是印度犀牛最佳观察地。并且很容易找到好角度——特别是在象背上——因为犀牛已经习惯了人类而且似乎并不在意游客靠近它们并做出亲昵举动。这些令人生畏的大家伙身体壮得像坦克，金属灰的粗糙皮肤有深深的皱褶，就像一块块重叠的板子，印度犀牛的这身打扮看上去颇有史前动物的气质。与印度犀牛的近距离接触就像穿越时空。

公园内还有 1000 多头亚洲象，同样是可以靠近的。我见到过多达 200 头大象的象群，但普通象群少于 80 头。它们一般在开阔地进食，早上、傍晚各一次。

由于加济兰加的犀牛和大象最出名，所以人们常常忘了这里还是老虎栖息地的事实。虽然在印度其他地方还有更好的地方能观察这些神出鬼没、极度濒危的大猫，比如位于中央邦中部的班达伽国家公园（Bandhavgarh National Park）可能是最好的，但加济兰加依然是全亚洲老虎密度最高的地区之一。只是由于这里的象草太过密实，所以很难见到它们。上次普查时，公园内有 86 只老虎；它们的数量实际上处于岌岌可危的状态，最近的研究表明，仅与 10 年前相比，它们的栖息地面积就出现大幅缩减，对于这样的

厚皮动物巡逻：毫不夸张地说，加济兰加国家公园内的印度犀牛和亚洲象是需要保护的最大的动物了

左下：在当地河流中能见到濒危的恒河豚

物种名录

- 亚洲象
- 印度犀牛
- 虎
- 豹
- 渔猫
- 丛林猫
- 印度懒熊
- 亚洲黑熊
- 亚洲水牛
- 印度野牛
- 泽鹿
- 水鹿
- 麂
- 豚鹿
- 印度野猪
- 西部白眉长臂猿
- 戴帽叶猴
- 熊猴
- 恒河猴
- 穿山甲
- 恒河豚
- 孟加拉鸨
- 凤头蜂鹰
- 大鹳鹫
- 玉带海雕
- 灰头渔雕
- 黑肩鸢
- 杰鸢
- 高山兀鹫
- 大秃鹳
- 秃鹳
- 恒河鳄

……

“惊人的是，全球 70% 的印度犀牛栖息在加济兰加，这里对这个物种的生存至关重要。”

种群规模，采取重大且良好的保护措施至关重要。

在这里还可以好好地观察野生亚洲水牛。尽管它们的驯养品种在印度随处可见，但这种野生水牛是印度最珍稀的哺乳动物之一。公园内约有1400头水牛，占到了全球种群数量的一半多（这对本地的老虎是好消息，它们是绝好的猎物）。在公园围栏内的大部分地方，水牛都很胆怯，不容易靠近——但它们似乎并未完全受到国家公园内机动车的打扰，如果你足够小心，还是有可能慢慢靠近它们的。

这里还有丰富的鸟类，目前有记录的已达500余种。加济兰加的猛禽尤为著名，但这里也是许多候鸟冬季主要的中途落脚地，它正好位于东亚－澳洲和中亚候鸟迁徙路线的交叉点上。

这里还有两种世界上最长的蛇——岩蟒和网纹蟒——以及世界上最长的毒蛇眼镜王蛇。虽然据说公园内有大量的蛇，但到迄今为止我只见过一条。

你要知道的

何时去最好？

加济兰加国家公园大致在10月中旬至4月底对游客开放。12月开始，这里进入最佳旅游季（每年草地烧荒后，视野开阔很多）。尽量避开圣诞和新年。这里有三个季节：冬季（11月至2月，夜晚寒冷，白天温暖、干燥）；夏季（3月至5月初，天气炎热、干燥）和雨季（5月末至10月，布拉马普特拉河随时可能决堤，公园会对游客关闭）。

如何去最好？

有定期从德里出发到古瓦哈蒂的航班。古瓦哈蒂是阿萨姆邦最大的城市，距加济兰加135英里。可以在市中心坐公交车，也可以雇车和司机（6小时车程）。此外还有少量飞往焦尔哈德（Jorhat）的航班，由此驱车前往公园只需2小时。也可以选择火车，从德里或加尔各答开往佛凯廷（Furkating）外加约2小时车程。在横穿公园的37号国道上常常能看到犀牛和大象。公园附近有几家旅社，可满足不同游客的需要。

所有野生动物观察活动都在四驱敞篷车内或象背上进行。以科霍拉（Kohora）的公园管理处为起点的旅行，有公园导游陪同，须提前预订。还有几座具有战略意义的观察塔对游客开放。公园内部严禁徒步旅行，但有机会有限度地靠近野生动物；步行时必须与武装警卫形影不离。

布拉马普特拉河及其位于古瓦哈蒂附近的支流上有一些绝佳的恒河豚观察点；卡西河的库库马拉（Kukurmara）段尤其出色。呼隆嘎帕长臂猿野生动物保护区（Hoollongapar Gibbon Wildlife Sanctuary）也值得一去，距焦尔哈德16英里。这是一座小型保护区，面积只有8平方英里，但拥有不少于7种灵长类动物：西部白眉长臂猿、戴帽叶猴、孟加拉懒猴，以及短尾恒河猴、北方豚尾恒河猴和熊猴。保护区内还有亚洲象和老虎，以及野猪、麝猫和200多种鸟类。

用眼神打败你：瓜达卢佩岛海域的水下能见度不错——可达 100 英尺甚至更远——使这里成为世界顶级的大白鲨观察点

邂逅大白鲨

墨西哥：瓜达卢佩岛

花一周时间跟这种终极捕食者在水下共处让人心惊胆战——你心里留下的只有恐惧。

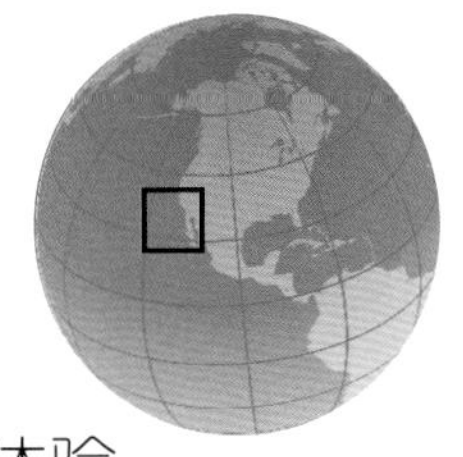

体验
The experience

体验什么？鲨笼潜水观察大白鲨

到哪儿去体验？偏远的瓜达卢佩岛只是北太平洋上的一个小黑点，在圣迭戈市西南 210 英里

如何体验？乘船宿潜水船前往（不要求潜水资格）。

必须承认这是一个非同寻常的度假安排。先飞南加利福尼亚的圣迭戈，接下来坐上一条小船，经过 20 小时过山车般颠簸的航行来到北太平洋上一座偏远的火山岛。之后带上一个大金枪鱼鱼头翻身跳入冰冷的海水中，希望与这种许多人花了大钱都难得一见的动物做一次近距离接触。

大白鲨庞大的身躯、强有力的下颌、成排的三角形利齿以及乌黑发亮的眼睛使其成为电影《大白鲨》(Jaws) 中当之无愧的明星——影片为它们留下了可怕而有些名不副实的恶名。但在与这些濒危动物无数次碰面之后，我不仅毫发无损反而还经历了一些终身难忘的体验。

地球上能经常见到大白鲨的地方少之又少。南非的西开普（Western Cape）最

最棒的一天

在一个特别的下午，我们竟然遇到了不下5条大白鲨，长度从8到13英尺不等。从笼子中向外看，最大的那条仿佛世界的主宰者，而且在突然转身离去前，一直张着血盆大口追杀我们，距离我的镜头只有2英尺。有一次，它径直将头伸进笼子，锯齿状排列的三角形利齿近在咫尺。“怎么会这样？”事后我问其他人，“下次再遇上，我们该怎么办？”他们看上去很茫然。“天晓得，”潜水长说，“要不飞上天去？”

著名，这里有繁荣的大白鲨种群，最适合海面观鲨——尤其是福尔斯湾（False Bay），是观看大白鲨跃出水面的最佳地点——但与瓜达卢佩相比，那里的水下能见度真的太差了。在加利福尼亚的法拉隆群岛（Farallon Islands）海域，水下能见度也是个问题，只能看到水下20英尺深；不过海面观鲨还是颇有戏剧性的，能见到大白鲨在海面上攻击北象海豹。南澳州是一个最隐秘的竞争者：观鲨热点地区在诺浦敦群岛（Neptune Islands），这里水下能见度频繁变化，但天气好时，可与瓜达卢佩媲美。

根据我的经验，瓜达卢佩是与大白鲨水下偶遇的最佳地点。由于此处是被深海环绕的海底山，所以拥有非常棒的水下能见度，这也是它的优势——100英尺是一个非同寻常的数据。这里还以巨型大白鲨数量丰富著称：我见过的最大的大白鲨是雌性，长16英尺，但有人提交过长达18英尺甚至更长的大白鲨的目击报告。旺季时，

有多达100条大白鲨，也许更多，在该岛周围活动，因此与大白鲨的相遇是可以期待的事情。一言以蔽之，在水下观鲨圈子里，大家都是轻声且带着崇敬腔调来谈论瓜达卢佩的。

近年来，瓜达卢佩的海豹也声名鹊起。一个世纪以前，瓜达卢佩岛还是北象海豹最后的庇护所。幸运的是，两个物种的少数个体设法躲过了海豹猎人的黑手——否则的话，它们应该已经灭绝了。岛上还有很多有趣的鸟类，尽管没有特别登岛许可证我们很难见到它们。岩鹪鹩、家朱雀和灯芯草雀都是地方性亚种，只见诸瓜达卢佩岛。

但让瓜达卢佩岛被置于世界野生动物地图之上的还是与大白鲨互动的鲨笼潜水。我第一次访问瓜达卢佩岛时，鲨笼几乎是完全开放式的。铝条的间隙大到能让人轻松进入笼外鲨鱼的世界，而我们在经历了几次印象深刻的偶遇后，发现这个缝隙也大得足够让鲨鱼溜进笼内我们的世界。不过现在的鲨笼很好，也能真正阻挡大白鲨了，不过依然要签署一份损害赔偿表，基

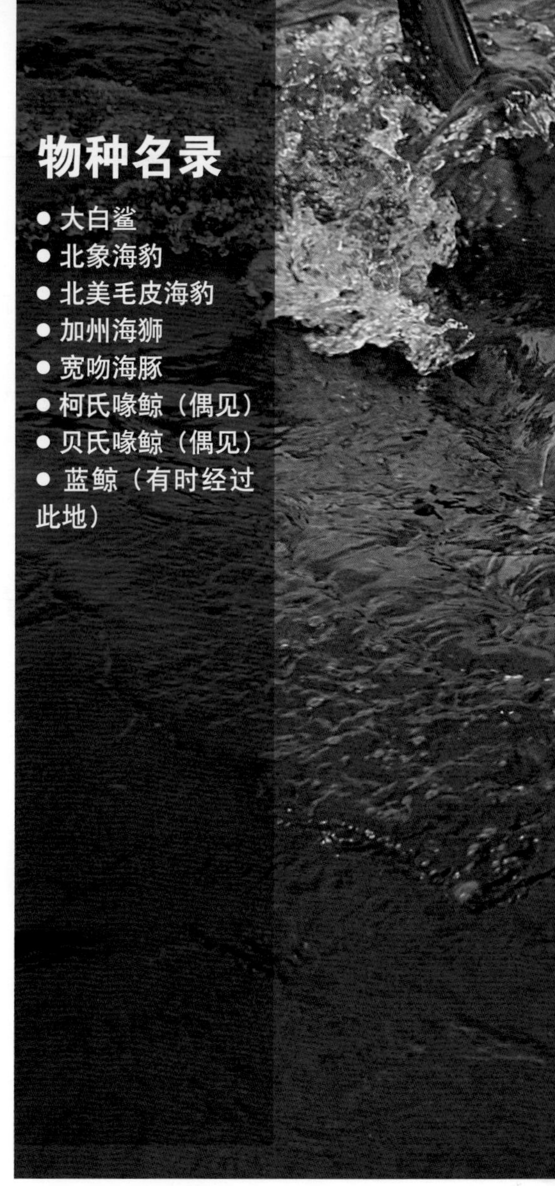

物种名录

- 大白鲨
- 北象海豹
- 北美毛皮海豹
- 加州海狮
- 宽吻海豚
- 柯氏喙鲸（偶见）
- 贝氏喙鲸（偶见）
- 蓝鲸（有时经过此地）

本上就是约定不管之后再发生任何事决不向任何人索赔。

当一切准备就绪后，在船尾一架特殊吊车的帮助下，鲨笼被吊离甲板并放入水中。除了穿上一套内设充分的保温层的干式潜水装外，你还要系上一条特别重的腰带或背带。一般我身上的总负重会高达44磅（相当于在腰上绑了22袋糖，约19.96公斤），摇摇晃晃地站在甲板上就像赛场上的举重运动员。它的目的是让身体重到能稳稳地站在鲨笼的底部，而不会失控地四

“它径直将头伸进笼子，锯齿状排列的三角形利齿近在咫尺。‘怎么会这样？’我惊恐地问。”

我来啦：可能未等船员抛锚，大白鲨就已经围着瓜达卢佩海域的潜水船绕圈了

左：瓜达卢佩海域的大白鲨身长可达 18 英尺；鲨笼通常可容纳 4 位潜水者，他们通过形似水烟袋的送气管呼吸

处乱漂。

近几年发生的另一个变化，是用于吸引鲨鱼的狗鲑（用它的血液、内脏和鱼油）的数量。过去认为狗鲑数量巨大是必需的，但现在许多经营者发现没有狗鲑——或者仅仅用一点儿鱼油——鲨鱼反而更放松，好奇心更重。

有时，在船员抛锚之前，鲨鱼就已经在围着船绕圈，而早些年船员可能要花好几个小时才能把鲨鱼引来。一旦它们来到你眼前，在水下面对面地观察大白鲨就仿佛与一队大明星见面一样。在电影、电视、报纸和杂志封面上看了好多年，忽然间它们有血有肉地出现在那里，庞大的三角形背鳍划过水面，比任何电影中的鲨鱼都来得专业。观察它们真让人上瘾。

你要知道的

何时去最好？

通常 7 月下半月直到 1 月都容易观察到大白鲨，但观鲨游主要安排在 8 月、9 月和 10 月。在观鲨季前半段，较小的雄性大白鲨（10 ~ 13 英尺）是主角；而后期，较大的雌性大白鲨更常见。水下能见度通常在 80 ~ 120 英尺之间（偶尔在短时间内会降到 20 英尺）。平均水温 17 ~ 23℃；长时间静静地站在观鲨笼里，会很冷。瓜达卢佩岛远离海岸，是十足的海洋环境；但这座岛屿也足够大（98 平方英里），可以在恶劣天气时为过往船只提供避风锚地。

如何去最好？

瓜达卢佩岛距墨西哥下加利福尼亚州半岛的太平洋海岸线 150 英里。去那里只能靠船，并且由于没有特别许可证，任何人不得登岛，所以潜水观鲨者只能睡在船上。只有少量渔民和军事人员在岛上生活，这是一个生态圈保护区。南加利福尼亚的圣迭戈是主要的出海门户，墨西哥的恩塞纳达港（Ensenada）次之，在观鲨季有定期观鲨团出港。多数行程持续 5 ~ 6 天，其中包括 3 ~ 4 天鲨笼潜水项目。

多数船只会携载两只 4 人鲨笼和 16 位潜水者，所以每人都能轮流下水观鲨 1 小时。鲨笼系在船后部的游泳平台上，通常漂浮在水面以下。鲨笼顶部有一个活板门，游客可以很方便地进到笼内，由于身上系有沉重的腰带或背带，因此你会因重力作用沉到金属丝网编制的底板上。通过调节器进行呼吸，而调节器通过送气管与船上的空气钢瓶相连。观鲨者不需要潜水资格证，不过在水下要有自信。

一些经营者利用潜水器下降到鲨鱼的水下王国，通常深约 30 英尺，让人有完全不同的观感。只有有资格的潜水员才有机会获得这一奇妙的体验。

圣迭戈
恩塞纳达港
美国
墨西哥
下加利福尼亚州半岛
瓜达卢佩岛
太平洋
0 200km

水栖生活：海鬣蜥是唯一一种在海中生活的蜥蜴

追寻达尔文的足迹

厄瓜多尔：科隆群岛

一旦你登上哪怕一寸科隆群岛的土地，几分钟之内——说几秒钟可能有些夸张——你便会与这个星球上某些最温顺的野生动物来次面对面接触。

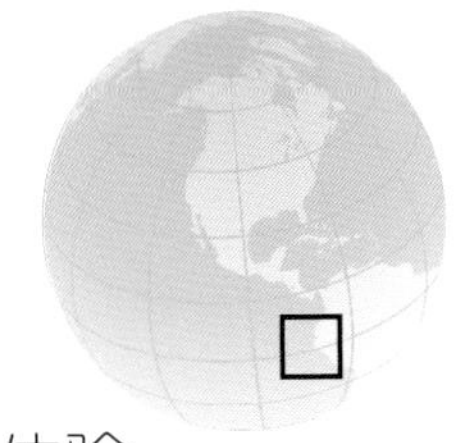

体验

The experience

体验什么？与大胆好奇的本地野生动物的惊人接触

到哪儿去体验？距离厄瓜多尔大陆西海岸620英里，查尔斯·达尔文笔下的中太平洋“魔幻岛”

如何体验？乘小船作岛际巡游，之后参加浮潜或徒步探险

不必过多介绍科隆群岛（Galápagos Islands），这里可能是全球最著名的野生动物观察目的地，也是为查尔斯·达尔文震惊世界的自然选择理论提供启示的地方。这个非凡的岛群拥有荒凉的火山岩地貌、仙人掌林、青翠欲滴的高地、绿宝石般的海湾和典型的热带海滩，还有随处可见的野生动物。

科隆群岛距厄瓜多尔海岸约620英里，赤道恰好从中间穿过，它由一组火山岛组成，它们都坐落在地壳活动的热点地区，这里是一直在漂移的三大地壳板块相遇的地方。它的年龄只有500万年，根据近期的火山活动判断，它依然在构造期内。当你乘船巡游时，“月面景观”这个词似乎比“陆地景观”更为合适。

有13座岛屿的面积大于4平方英里，

上左：红脚鲣鸟是唯一在树上巢筑的鲣鸟科鸟类

上右：走一次巴托洛梅步道，享受沿途绝色美景

下：陆鬣蜥能长到3英尺长

另有6座较小岛屿以及100多座小岛。每座岛都有自己独特的大气环境、与众不同的陆地景观和奇异的野生动物。许多野生动物不仅是科隆群岛的地方性物种，通常还是某座岛屿独有的物种——因此你登上的岛越多，见到的物种多样性就越广。前一天你可能在云雾缭绕的高地上观察活化石般的象龟，后一天你可能在晶莹透彻的海水中与顽皮的海狮一起浮潜。你可以在黑色火山岩上美美地晒太阳，而旁边就是一只史前模样的海鬣蜥；你也可以坐在加岛信天翁旁边，欣赏它们双喙交缠、大胆招摇的求偶表演，活像日本武士在表演爱尔兰舞剧《王者之舞》。

无论你怎样赞赏科隆群岛的奇观，都不会有言过其实之虞。在浅水区、海滩上、步道旁，在任何一个你能想象到的角落里，都能见到比世界其他地方多得多的温顺的野生动物。你还能见到各种鸟类，不管是生活在热带的企鹅、长着一双蓝脚的鲣鸟，还是会使用工具的拟䴕树雀，甚至有能将皱缩的喉囊膨胀成大红气球的雄性华丽军舰鸟。

在许多地方，这里几乎还保留着1835年达尔文首次登岛时的模样。不过改变也在发生。亚洲市场对海参和鱼翅近乎贪婪的需求已经引发泛滥的非法捕捞，给曾经富饶的科隆群岛周边海域带来毁灭性破坏。移民的迅速增加以及指数级的经济增长，都为这个群岛带来大量人类居民，四座岛屿上的常住人口已经超过3万人。随着过量行李而来的是各种外来哺乳动物、昆虫、植物和疾病，它们都对本地脆弱的生态环境产生了威胁。

也许近些年最为明显的变化便是旅游业了。游客人数从1991年的4万人增长了三倍，目前已经超过16万人。在某些地方、某些时段，磨损严重的步道堪比繁华街道的人行道。不过这里依然有僻静的角落，而且野生动物依然如达尔文时代一样可以亲近。

大多数游客都有一张TOP10心愿单：加拉帕格戈斯企鹅、弱翅鸬鹚、蓝脚鲣鸟、加岛信天翁、华丽军舰鸟、达尔文雀（13种中的任意一种）、加拉帕戈斯象龟、海鬣蜥、加拉帕戈斯海狮和加拉帕戈斯毛皮海豹。能再见到别的物种就是锦上添花啦！清单中的野生动物几乎全是地方性物种；只有两种例外，蓝脚鲣鸟和华丽军舰鸟，到处都能见到它们，它们在旅游行程之初便已为人熟知。

企鹅主要在最西面的海岛上活动。由于有特别冰冷的洋流经过，这片海域的水温较低。人们可以在几个地方见到它们，但它们只在伊莎贝拉岛（Isabela）和费尔南迪纳岛（Fernandina）上繁殖后代。这两座岛屿也是弱翅鸬鹚仅有的繁殖地；从它们

甲壳纲动物的斑斓色彩：在科隆群岛的很多岛屿上都能见到莎莉飞毛腿蟹玩命飞奔

插入图：燕尾鸥是唯一在晚上觅食的海鸥

物种名录

- 加拉帕戈斯海狮
- 加拉帕戈斯毛皮海豹
- 座头鲸
- 布氏鲸
- 抹香鲸
- 短肢领航鲸
- 宽吻海豚
- 真海豚
- 条纹原海豚
- 加拉帕戈斯企鹅
- 蓝脚鲣鸟
- 红脚鲣鸟
- 蓝脸鲣鸟
- 玄燕鸥
- 加岛信天翁
- 红嘴鹲
- 华丽军舰鸟
- 黑腹军舰鸟
- 岩鸥
- 燕尾鸥
- 奥氏鹱
- 加岛绿鹭
- 美洲红鹳
- 加岛南美田鸡
- 加岛鵟
- 短耳鸮
- 加岛嘲鸫
- 查尔斯嘲鸫
- 冠嘲鸫
- 圣岛嘲鸫
- 达尔文雀
- 加拉帕戈斯象龟
- 海鬣蜥
- 加拉帕戈斯陆鬣蜥
- 圣菲陆鬣蜥
- 埃斯帕诺拉熔岩蜥蜴
- 圣岛熔岩蜥蜴
- 费洛雷纳熔岩蜥蜴
- 加拉帕戈斯熔岩蜥蜴
- 绿海龟
- 白边真鲨
- 加拉帕戈斯鲨
- 斑点鹰魟
- 莎莉飞毛腿蟹
- ……

“加拉帕戈斯象龟的寿命相当长——其中一些现在仍然活着的象龟可能生于达尔文时代。”

的名字可以知道，它们飞不起来了，但它们在从一块岩石跳到另一块岩石时，能够用已退化的翅膀平衡身体。除在厄瓜多尔大陆近海的德拉普拉塔岛（Isla de la Plata）上生活的几对加岛信天翁外，埃斯帕诺拉岛（Española）是它们唯一的繁殖地，繁殖季是 4 月至 12 月。

达尔文雀可能是这个群岛上最著名的鸟类。达尔文在这里停留了 5 周，他推测这 13 种相当内敛的小鸟都是从大陆上某一种鸟类进化而来的——这一推断为他重大的理论突破奠定了基础。每个鸟种在进化过程中都会利用一个特定的生态位，再辅之以高度特化的摄食策略和喙部。

也许科隆群岛最著名的动物居民应该是加拉帕戈斯象龟。象龟的体长可达 5 英尺，再加上干瘪的头部、可伸缩的颈部和无牙大嘴，看起来就像来自另一个时代的动物。人们曾经认为它有多达 15 个亚种，在体形、龟壳形状和环境偏好上也存在相当大的差异，但自从人类到达这里后，已经有 4 个亚种灭绝了（总种群数量已经从 25 万多只缩减到目前的大约 15 万只）。它们的寿命相当长，可能大部分个体都要庆祝它们 100 岁的生日了；其中一些现在仍然活着的象龟可能生于达尔文时代。观察加拉帕戈斯象龟的最佳地点是圣克鲁兹岛（Santa Cruz）的高地上和伊莎贝拉岛的阿尔塞多火山（Alcedo Volcano）地区，这里栖息着迄今为止最大的加拉帕戈斯象龟种群；另外在圣克里斯托瓦尔岛（San Cristòbal）、圣地亚哥岛（Santiago）、埃斯帕诺拉岛和平松岛（Pinzòn）等岛屿上还有较小规模的象龟种群。

另一种必看动物是海鬣蜥，它们是世界上唯一一种在海中生活的蜥蜴。在整个科隆群岛有多达 30 万只海鬣蜥，想不见到它们都难。在潜水间隙，海鬣蜥懒洋洋地趴在太阳底下，升高体温；它们在火山岩上摆出一幅熟悉的冰封霜打的姿态，频繁地“打喷嚏”，从鼻孔内的排盐腺体中喷出浓盐水。

科隆群岛附近海域有丰富的海洋生物，在这里浮潜会产生无比美妙的感觉。浮潜是邂逅海狮最好的方式，当然在很多不错的热点地区会见到它们。偶遇毛皮海豹的难度稍稍有些大，但也有一两处很好的观察点（在位于圣地亚哥岛上的海豹岩洞可以近距离观察它们）。你还有机会与企鹅、弱翅鸬鹚、海鬣蜥、绿海龟和 300 多种鱼类一起浮潜。这里的鱼类多得让你眼花缭乱，从斑点鹰魟和黄尾雀鲷到鲨鱼：白边真鲨是你最为熟悉的，但如果你运气够好，还能撞见黑梢真鲨、加拉帕戈斯鲨、双髻鲨，甚至鲸鲨。

不过去哪儿的问题解决了，还要考虑何时去。在不同月份，野生动物的活跃程度变化很大。例如，绿海龟在 1 月开始产蛋；5 月至 9 月末企鹅会在巴托洛梅岛（Bartolomé）与游泳者互动；座头鲸在 6 月莅临科隆群岛；7 月至 9 月末是大部分海鸟的繁殖季，也是观鸟的最佳季节；海狮产仔高峰期出现在 8 月前后，而浮潜者在 11 月正好可以与小海狮做水下有氧互动游戏；12 月是象龟孵蛋的月份。因此，每个时间段都有精彩的野生动物奇观上演。

整个科隆群岛有 60 多个经过批准的游客参观点。以下是我最爱的一些景点：

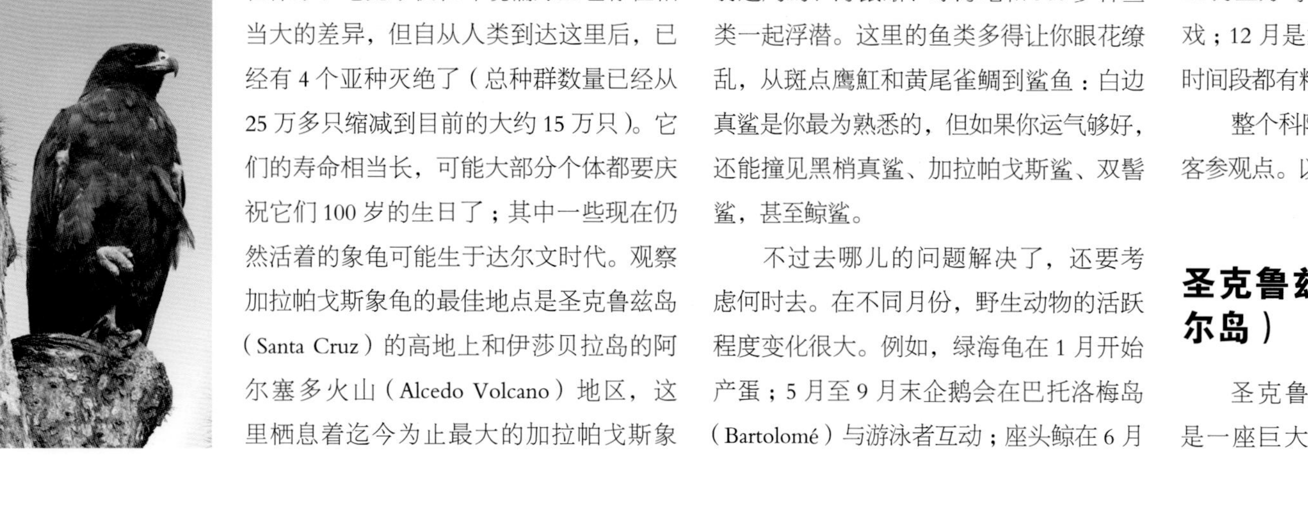

右：科隆群岛的野生动物种类极其繁多——海狮在沙滩上“扑通扑通”地摔跟头，象龟潜伏在高地上，蓝脸鲣鸟密切地注视着我们的一举一动

下：加岛鵟正在巡视自己的地盘

圣克鲁兹岛（因迪法蒂格布尔岛）

圣克鲁兹岛位于科隆群岛的中间，是一座巨大的休眠火山，也是大部分科

隆群岛游的起点。该岛距离巴尔特拉岛（Baltra）上的主要机场很近，首府阿约拉港（Puerto Ayora）是最大的人类定居点。

著名的查尔斯·达尔文科研站（Charles Darwin Research Station）建在阿约拉港城郊，在这里可以了解该岛的自然历史和查尔斯·达尔文基金会（Charles Darwin Foundation）所做的自然保护工作。站内还有一个象龟繁育计划，小象龟可以得到精心饲养。特别值得一提的是，这里是巨龟“孤独的乔治”（Lonesome George）最后的归宿。“孤独的乔治”是科隆群岛最著名的居民，是平塔岛（Pinta Island）象龟亚种最后一位幸存者。在岛上可以找到加岛南美田鸡、不下 9 种达尔文雀、加岛嘲鸫、朱红霸鹟和许多其他鸟类。

穿越圣克鲁兹岛高地的旅程会带你走过农田并进入薄雾轻笼的森林，这里栖息着大量鸟类。如果你侧耳聆听，能听到野生象龟在林下灌木丛中横冲直撞的声音，若是你有点儿小幸运，也许能见到一只。另外，千万不要忘了找寻拟䴕树雀，这可是少数几种会使用工具的鸟类之一，它们会利用仙人掌的刺钩出树皮下的蛴螬。

圣克鲁兹岛还有几处精彩的浮潜点：蓬塔埃斯特拉达（Punta Estrada）和巴查斯海滩（Bachas Beach）最好，海龟湾（Tortuga Bay）和拉斯格里达斯（Las Grietas）也不错。

圣菲岛（巴灵顿岛）

圣菲岛（Sana Fé）在圣克鲁兹岛和圣克里斯托瓦尔岛之间，比群岛中的其他大部分岛屿要平坦很多。这里有璀璨的绿宝石般的潟湖，有细腻的沙滩，是典型的热带岛屿。这里有几处加拉帕戈斯海狮的聚集地，也是最好的浮潜点之一，你可以在温暖的水下与这些顽皮的动物亲近。这里还有一条优美的小径，曲折穿过一片 30 英尺高的仙人掌林，其间你也许能看到本地

最棒的一天

我在科隆群岛度过了太多“最棒的日子”，很难挑出“最棒的一天”。不过我想最深刻的记忆还是在巴托洛梅岛的尖礁（Pinnacle Rock）海域与海狮和企鹅一起浮潜。这里的企鹅在入水之前，竟然能以极快的速度“飞行”，令人惊诧不已。不过亮点却是一只非常特别的海狮，它在不停地为我们表演，翻跟头、吹泡泡、贴着我飞奔，几乎要碰到我（其实它对距离的把握非常好）。还要提一下海龟。你在世界各地的海洋中浮潜时，它们几乎都是当之无愧的伴游者，不过在这里它们真没有露脸的机会。

物种圣菲陆鬣蜥。这里也是观察加岛鵟的好地方，它们降落仙人掌上时，表现得非常友善、亲切。待你爬到悬崖顶上，放眼四望，绝色美景一览无余。

费洛雷纳岛（圣玛利亚岛或查尔斯岛）

在费洛雷纳岛（Floreana）上有一座科隆群岛最古老的定居点，早在现代游客蜂拥而至之前，便已成为海盗和捕鲸人心中理想的停靠点。

在北部海岸的潘塔卡勒玛兰（Punta Cormorant），有两处美丽的海滩（其中一处海滩的沙子细到让你误以为是面粉），每年1月至5月是绿海龟筑巢的地方。有美洲红鹳在两处海滩之间僻静的咸水潟湖中活动。

附近有一座饱受侵蚀的火山锥，名叫魔鬼皇冠（Devil's Crown），是一处绝佳的浮潜点。在这里，你极有可能近距离见到加拉帕戈斯海狮、绿海龟、章鱼和成群的七彩小鱼。如果你够幸运，甚至还能见到双髻鲨。

只是看一眼那个可以提供自助邮政服务的大木桶，邮局湾（Post Office Bay）也值得你一游。"大号邮筒"为英国捕鲸人

在1793年建立，目前仍可使用——游客们还在延续传统，把信件投到桶里供其他人捡起来，等他们回到家帮你寄出。

上：在这个群岛上生活着几种生性好奇的嘲鸫

下：与加拉帕戈斯企鹅一起浮潜的最佳去处是巴托洛梅岛海滩下面的水域

埃斯帕诺拉岛（胡德岛）

埃斯帕诺拉岛是整个群岛中最东南端的岛屿，它响当当的知名度全部来自一点——这里是加岛信天翁唯一的繁殖地。每年4月至12月，有约12000对加岛信天翁将巢筑在潘塔苏亚雷斯（Punta Su á rez）的悬崖上，与蓝脸鲣鸟为邻。埃斯帕诺拉岛还是整个群岛中最大的蓝脚鲣鸟繁殖地，沿海岸线还栖息着大量海鬣蜥和火蜥蜴。岛上有一个天然的吹蚀穴，由此喷向天空的水柱高达65英尺高，为你的这次行程增添小小花絮。

加德纳湾（Gardner Bay）位于岛的东北部，这里有洁白细腻的沙滩，是加拉帕戈斯海狮的群聚地——在此与它们一起浮潜，也会有非常美妙的体验。这里还是绿海龟的主要繁殖地，有大量五颜六色的小鱼在海龟岩（Tortuga Rock）周围的水中嬉戏。生性好奇的冠嘲鸫会在海滩上对你"多加盘问"，而埃斯帕诺拉熔岩蜥蜴则从你的脚边匆匆跑过。

圣克里斯托瓦尔岛（查塔姆岛）

加拉帕戈斯省的省会巴克里索莫雷诺港（Puerto Baquerizo Moreno）就坐落在圣克里斯托瓦尔岛上，这里有几处精彩的野生动物观察点。

在实至名归的军舰鸟山（Frigatebird Hill）上，华丽军舰鸟和黑腹军舰鸟都有可能见到，还能俯瞰美丽的海湾。位于高地之上的埃尔洪科潟湖（El Junco Lagoon），是整个科隆群岛唯一的淡水湖泊，是观察涉禽和水禽的好地方。位于该岛东北部海岸的皮特角（Punta Pitt）是少数几个可以看遍所有三种加拉帕戈斯鲣鸟筑巢的地方。

在圣克里斯托瓦尔岛上，除了常见的海狮外，你还会受到圣岛嘲鸫、达尔文雀、朱红霸鹟、圣岛熔岩蜥蜴和海鬣蜥的欢迎。

圣地亚哥岛（詹姆斯岛或圣萨尔瓦多岛）

圣地亚哥岛由两座重叠的火山组成，是观察地方性加拉帕戈斯毛皮海豹（也会在其他少数几个游客参观点出现）的最佳地点。西海岸的詹姆斯湾（James Bay）就是要去的地方——毛皮海豹的群聚地在伊加斯港（Puerto Egas）潮水潭的外侧。

伊加斯港有长长的熔岩海岸线，随处可见形状各异、精彩纷呈的侵蚀岩层。海鬣蜥在晒太阳，陆鬣蜥在觅食裸露出来的海藻。自然形成的一些潮水潭是整个科隆群岛最漂亮的，生活着莎莉飞毛腿蟹、寄居蟹、海绵、地方性的四眼鲇鱼和大量的岸禽（此地还记录有许多与众不同的候鸟）。请留意观察拟鸳树雀、各种达尔文雀、朱红霸鹟、加岛鵟和鸽子以及其他鸟类。如果你真的幸运，也许会见到圣地亚哥加岛鼠，它们在1997年重新现身之前，一直被认为已经灭绝。地方性的加拉帕戈

大“球”示爱：华丽军舰鸟靠把自己的喉囊膨胀成大红气球吸引异性

“沿着一条名为‘巴托洛梅步道’的沙径徒步旅行，穿过恍如异度空间的自然景观，一路攀行至 375 英尺高的顶峰：惊人的美景尽收眼底。”

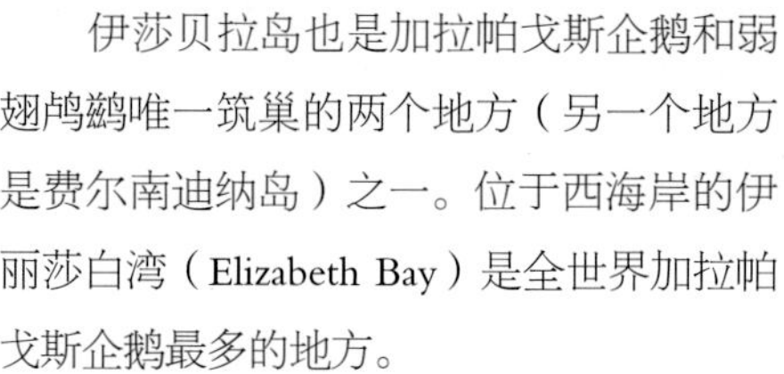

斯蛇也值得一看，这是一种无毒蛇，能长到 3 英尺长。

这里也有几处很不错的浮潜点，幸运的话会有海狮和毛皮海豹伴你潜水。

巴托洛梅岛

巴托洛梅岛拥有一处最为明显的地标：一个叫作“尖礁”的侵蚀火山凝灰堆。下面的白色沙滩非常适合浮潜，还可以看到企鹅、绿海龟、海狮和大量的热带鱼。

该地区还活跃着大量其他野生动物：这其中就有蓝脚鲣鸟、红嘴鹲、加岛绿鹭、朱红霸鹟、海鬣蜥和莎莉飞毛腿蟹。如果你走到沙滩背面，来到另一侧的海湾，你会见到大量的幼年白顶礁鲨，它们常在浅水区游来游去。

巴托洛梅步道（Bartolomé Walk）也值得一游：沿着一条沙径走在木制台阶上，两侧的景观仿佛异度空间，一路攀行至该岛 375 英尺高的顶峰——心碎峰（Heartbreaker）。这次旅行要赶在早餐前，早晨天气凉爽，光线也不错，而且穿行在两个海湾之间，周围的景色令人迷醉。

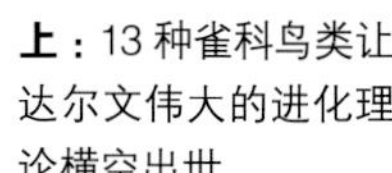

上：13 种雀科鸟类让达尔文伟大的进化理论横空出世

下：尽管弱翅鸬鹚已经失去飞行能力，但每次潜水过后还会振翅甩干身上的海水

伊莎贝拉岛（阿尔比马尔岛）

伊莎贝拉岛是科隆群岛中最大的岛屿，由 6 座大火山组成，其中 5 座是活火山。沃尔夫火山（Walf Volcano）位于岛的东北角，正好落在赤道上，也是整个群岛的最高点，高度达 5600 英尺。

这里是加拉帕戈斯象龟的大本营。生活在岛上的象龟数量远超其他岛屿，总数将近 1 万只。在 5 座火山上，每座都有一种不同的亚种：希拉内格拉亚种（Sierra Negra，500 只）、塞罗阿苏尔亚种（Cerro Azul，700 只）、达尔文亚种（Darwin,1000 只）、沃尔夫亚种（Wolf,2000 只）和阿尔塞多亚种（Alcedo，5000 只）。薄雾缭绕的阿尔塞多高地可能是观察象龟的最佳地点，但徒步旅行时要颇费些力气才可以达到那里。象龟大部分时间都是在破火山口形成的浅泥坑里打滚、嬉戏。

伊莎贝拉岛也是加拉帕戈斯企鹅和弱翅鸬鹚唯一筑巢的两个地方（另一个地方是费尔南迪纳岛）之一。位于西海岸的伊丽莎白湾（Elizabeth Bay）是全世界加拉帕戈斯企鹅最多的地方。

伊丽莎白湾的北面是维纳湾（Urbina Bay），这里生活着海鬣蜥和一些在群岛范围内最大也是最漂亮的陆鬣蜥。到这里观察企鹅和弱翅鸬鹚也不错。再往北，正对着费尔南迪纳岛的是塔古斯湾（Tagus Cove），也值得到此一游。从这里出发，有一条美丽的步道通到达尔文湖（Darwin Lake），这座绿色的咸水潟湖景色优美，并可继续前往达尔文火山和沃尔夫火山。这里非常适合观鸟，雀、嘲鸫和加岛鵟居多。

伊莎贝拉岛西部海域营养物质丰富，同群岛的其他海域一样为鲸和海豚创造了良好的生存条件。座头鲸和宽吻海豚最为常见，但时不时地也有其他种类的鲸、豚现身。

还有一个地方，如果你在潘塔费切德洛卡（Punta Vicente Roca）浮潜，会很容易见到海鬣蜥——这里也许是欣赏它们在水下啃食海藻的最佳地点。

费尔南迪纳岛（纳伯勒岛）

费尔南迪纳岛在群岛的最西端，是很

想和我一起玩吗？几乎每座岛屿都有海狮欢迎游客的光临，它们要么躺在沙滩上懒洋洋地晒太阳，要么在海里嬉戏

少有人光顾的岛屿之一。然而，它的景色是壮观的——最高点达 4600 英尺，破火山口的直径大约有 4 英里。而且这里是某些最具标志性的野生动物的最佳观察地之一。

这里是加拉帕戈斯企鹅和弱翅鸬鹚唯一筑巢的两座岛屿之一（前已述及，另一座岛屿是伊莎贝拉岛）。在岛的东北部，潘塔埃斯皮诺萨（Punta Espinoza）周围的岩石区是该岛最好的地区。你可以沿着一条小径进入一些熔岩区（到处都是裂缝，人们想从这个地区走过去还是颇费周折的），这里是多达数百只海鬣蜥的大型群聚地。人们普遍认为它是海鬣蜥种群密度最大的群聚地。

陶尔岛（捷诺维沙岛）

陶尔岛（Tower）是群岛最北面的偏远岛屿之一，平坦得仿佛一张薄烤饼。达尔文湾是该岛的最高点，是大火山口崩塌到海平面之后形成的，它为数以千计的海鸟提供了引人注目的活动舞台。

你在一片砂质海滩上岸，沿着一条小径穿过盐性灌木和红树林，林地里栖息着蓝脚鲣鸟、红脚鲣鸟、华丽军舰鸟和红嘴鹲。同时要留意观察加岛哀鸽、尖嘴地雀、大仙人掌地雀和大地雀，甚至短耳鸮（地方性亚种）。不必多言，海滩自然是海狮的领地，间或还能看到毛皮海豹。当你在周边海域浮潜时，偶尔会撞见双髻鲨。

达尔文湾东侧的菲利普亲王步道（Prince Philip's Steps）周边海域非常适合小型摩托艇巡游，还能见到大量的海鸟。这条陡峭的步道会带你从正在岩石上筑巢的蓝脸鲣鸟和蓝脚鲣鸟旁边走过，在两侧的树林里还能发现军舰鸟和大量红脚鲣鸟。步道的尽头是一片熔岩区，黑压压的加岛叉尾海燕在空中盘旋（甚至在白天都是如此——这一点与其他地方的海燕有所不同）。这里也是另一个观察短耳鸮的好地点。

你要知道的

何时去最好？

何时去都好——每个月都有独特亮点。湿热的雨季（热带阵性降雨）从 12 月至 5 月（3 月和 4 月通常是最热和最潮湿的月份）；此时的大海也更平静、更清澈一些（水下能见度可达 60 ~ 80 英尺），因此整个季节最适合浮潜（水温平均 26℃）。更凉爽、更干燥也更多风的季节（偶尔出现小雨或薄雾天气）是 6 月至 11 月，海水水温可能低至 19℃，水下能见度大约在 30 ~ 50 英尺；海浪较大，船只靠岸可能有些难度。最繁忙的阶段是 12 月至次年 1 月和 7 月至 8 月。出行前要仔细核对各种野生动物活跃的月份，因为它们是各不相同的（尤其在厄尔尼诺现象活跃的年份变化更大）。

如何去最好？

从位于厄瓜多尔大陆地区的基多（Quito）或瓜亚基尔（Guayaquil）飞抵巴尔特拉机场（Baltra）或圣克里斯托瓦尔机场（San Cristòbal）。一些游船从巴尔特拉出发（码头距离机场航站楼仅 5 分钟车程）。其他游船从位于圣克鲁兹岛的游客集散中心阿约拉港出发（10 分钟轮渡时间再加上 45 分钟的公交车行程）；这是一座繁华的城市，有一间银行、ATM 机、出租车、酒馆、一家电影院和多家酒店。

探索科隆群岛最可行的计划是乘坐船宿旅游船，在各岛之间穿梭（大部分在晚上），每天在不同的地点停靠（可以有无数种组合）。参加一次双周游可以让你踏遍大多数关键景点（包括外围岛屿）。大多数游船每天靠岸两次：在船上待 10 天通常意味着在 10 座不同的岛上作 20 次停靠，参加 10 ~ 20 次浮潜和数次小型摩托艇旅行。上岸时间越早越好，避开其他旅游团，争取在最好的光线条件下见到当日动物活动的高峰。游客在所有登陆点必须有持证的自然导游陪同。

你也可以考虑其他的旅行方案，比如住在岛上。圣克鲁兹岛、圣克里斯托瓦尔岛、费洛雷纳岛和伊莎贝拉岛上都有各种档次的酒店。少数游船经营者还提供一日游产品。

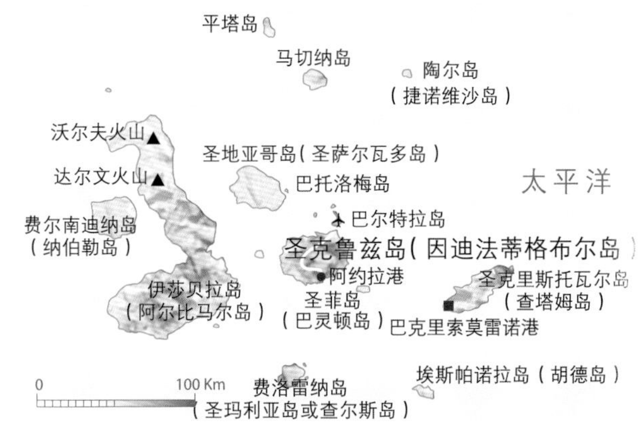

致　谢

在此我要特别感谢《漫游癖》(Wonderlust)杂志主编林恩·休斯(Lyn Hughes)先生，他是我多年的老朋友，他从一开始就对我编写这本书表示欢迎，并始终给予我充满热情的巨大支持。我还要感谢才华横溢的《漫游癖》编辑丹·林斯特德(Dan Linstead)，他自始至终都在精心呵护并指导这个出版计划。林恩和丹在整理文稿时还显示了高超的编辑水准。我同样要深深感谢《漫游癖》团队的其他成员——艺术指导格雷厄姆·贝里奇(Graham Berridge)、运营总监丹尼·卡拉汉(Danny Callaghan)、副主编萨拉·巴克斯特(Sarah Baxter)和制作编辑汤姆·霍克(Tom Hawker)——他们做了如此出色的工作，我以能与他们合作而倍感自豪。由于工作和旅行及其他方面带来的压力，我错过了交稿的最后期限(这或许是由于我跟道格拉斯·亚当斯[1]一起工作太久的缘故，这个家伙对交稿的最后期限飞驰而来时发出的“嘶嘶”声是出了名的喜爱)，但编辑们却总是表现得非常耐心和热忱。

我还要对一些渊博的朋友和同事表示感谢，很幸运他们生活或工作在那些我最爱的地方。他们慷慨地付出时间对本书的各个章节提出中肯的建议(如果书中还留有任何瑕疵依然是我的原因)。他们是：董·艾伦(Dong Allan)、朱莉亚诺·贝尔纳东(Giuliano Bernardon)、阿斯比约恩·布查维森(Asbjorn Bjorgvinsson)、詹妮弗·科弗特(Jennifer Covert)、凯茜·迪恩(Cathy Dean)、卡洛琳·福克斯(Caroline Fox)、尼克·加伯特(Nick Garbutt)、克里斯·杰诺瓦里(Chris Genovali)、保罗·戈尔茨坦(Paul Goldstein)、格雷格·格里菲多(Greg Grivetto)、皮特·奥克斯弗德(Pete Oxford)、保罗·帕克特(Paul Paquet)、伊恩·雷蒙德(Ian Redmond)、菲奥娜·雷切(Fiona Reece)、桑德拉·塞斯(Sandra Seth)、比哈勃·库马尔·塔卢克达尔(Bibhab Kumar Talukdar)、迈克尔·A. 上原(Michael A. Uehara)、利·安·雷登伯格(Leigh Ann Vradenburg)、弗兰克·威廉斯(Frank Willems)、谢丽·威廉姆森(Sheri Williamson)及新西兰环保部的所有工作人员。

感谢你，史蒂芬·弗雷(Stephen Fry)，作为我的好朋友和同谋者，你为本书写下了如此精彩的前言，并成为我前往全球各野生动物热点地区旅行的热情又充满娱乐精神的最佳搭档。

写书是非常孤独、寂寞的过程，但有了朋友的支持和鼓励，它又是令人愉悦的经历，他们不时地想方设法把我拉出书斋，到咖啡馆、餐厅放松一下或者看一场英式橄榄球赛，其间他们和我海阔天空、神侃胡聊，唯独对野生动物和旅行避而不谈。我在此也对他们表示特别的感谢——罗兹·基德曼·考克斯(Roz Kidman Cox)、彼得·巴特西(Peter Bassett)、约翰·鲁思文(John Ruthven)、尼克·米德尔顿(Nick Middleton)、哈里·胡克(Harry Hook)以及我一生的朋友和红颜知己黛布拉·泰勒(Debra Taylor)。

接下来需要感谢的是蕾切尔·阿什顿(Rachel Ashton)，我机敏且永远体贴周到的经纪人和坚定不移的朋友。蕾切尔长期在幕后辛勤地工作，让一切成为可能。

我要把最后但绝不是最少的巨大的感谢送给我的父母——戴维和贝蒂。他们对我的付出让我无以言表。

① 译者注：Douglas Adams，1952–2001，英国广播剧作家、音乐家，著有《银河系漫游指南》等作品，经常错过交稿日期。与本书作者合著《最后一眼》一书。